2021年版全国一级建造师执业资格考试一书通关

建设工程法规及相关知识一书通关

嗨学网考试命题研究委员会　组织编写

中国建筑工业出版社

图书在版编目（CIP）数据

建设工程法规及相关知识一书通关 / 嗨学网考试命
题研究委员会组织编写 .—北京：中国建筑工业出版社，
2021.1（2021.5 重印）

2021 年版全国一级建造师执业资格考试一书通关

ISBN 978-7-112-25904-5

Ⅰ . ①建… Ⅱ . ①嗨… Ⅲ . ①建筑法 - 中国 - 资格考
试 - 自学参考资料 Ⅳ . ① D922.297

中国版本图书馆 CIP 数据核字（2021）第 032677 号

责任编辑：李 璇
责任校对：李美娜

2021 年版全国一级建造师执业资格考试一书通关
建设工程法规及相关知识一书通关
嗨学网考试命题研究委员会 组织编写

*

中国建筑工业出版社出版、发行（北京海淀三里河路 9 号）

各地新华书店、建筑书店经销

霸州市顺浩图文科技发展有限公司制版

北京京华铭诚工贸有限公司印刷

*

开本：787 毫米 ×1092 毫米 1/16 印张：16 字数：369 千字

2021 年 3 月第一版 2021 年 5 月第二次印刷

定价：**64.00** 元

ISBN 978-7-112-25904-5

（37044）

本书编委会

前　言

　　注册建造师是以技术为依托，以工程项目管理为主的注册执业人士，是每位工程管理人员的职业准入资格凭证。我国实行建造师执业资格后，要求各大、中型工程项目的负责人必须具备注册建造师资格。随着制度的深化，各建设单位、监理单位甚至分包单位的部分负责人，也被要求具备注册建造师资格，以提高工程管理水平，保障质量、安全等目标的实现。注册建造师资格对于从事工程管理的人员来说变得尤为重要。

　　本套丛书共分6册，分别为《建设工程经济一书通关》《建设工程项目管理一书通关》《建设工程法规及相关知识一书通关》《建筑工程管理与实务一书通关》《机电工程管理与实务一书通关》《市政公用工程管理与实务一书通关》，由嗨学网考试命题研究委员会组织编写而成，编写老师在深入分析历年真题的前提下，合理地对知识内容进行归纳、汇总、提炼和对比，搭配逻辑模型图及工程示意图，并适当插入二维码配以视频讲解及施工动画演示，运用科学的方法，帮助读者更好地理解和掌握知识。

　　内容紧扣考试大纲，结合考试对于理论、实操、应试三方能力的要求，采用知识点与题目相结合的方式，读者在掌握相关知识的基础上完成经典习题的训练，帮助读者了解考试难易程度、强化运用思路。每个章节包括："考情介绍""学习指导""核心考点""强化练习"四大模块，并辅以"提示"的方式来帮助读者拓展专业知识、归纳对比考点，口诀技巧记忆，结合多年的培训经验最大程度地帮助读者。

　　本套丛书旨在帮助读者高效学习，掌握要点，轻松通过注册建造师资格考试。在编写过程中虽反复推敲核证，但疏漏之处在所难免，恳请广大读者批评指正。

目 录 *CONTENTS*

考试介绍

（一）一级建造师考试资格与要求

报名条件

1. 凡遵守国家法律、法规，具备以下条件之一者，可以申请参加一级建造师执业资格考试：

（1）取得工程类或工程经济类大学专科学历，工作满 6 年，其中从事建设工程项目施工管理工作满 4 年。

（2）取得工程类或工程经济类大学本科学历，工作满 4 年，其中从事建设工程项目施工管理工作满 3 年。

（3）取得工程类或工程经济类双学士学位或研究生班毕业，工作满 3 年，其中从事建设工程项目施工管理工作满 2 年。

（4）取得工程类或工程经济类硕士学位，工作满 2 年，其中从事建设工程项目施工管理工作满 1 年。

（5）取得工程类或工程经济类博士学位，从事建设工程项目施工管理工作满 1 年。

2. 符合上述报考条件，于 2003 年 12 月 31 日前，取得建设部颁发的《建筑业企业一级项目经理资质证书》，并符合下列条件之一的人员，可免试《建设工程经济》和《建设工程项目管理》2 个科目，只参加《建设工程法规及相关知识》和《专业工程管理与实务》2 个科目的考试：

（1）受聘担任工程或工程经济类高级专业技术职务。

（2）具有工程类或工程经济类大学专科以上学历并从事建设项目施工管理工作满 20 年。

3. 已取得一级建造师执业资格证书的人员，也可根据实际工作需要，选择《专业工程管理与实务》科目的相应专业，报名参加考试。考试合格后核发国家统一印制的相应专业合格证明。该证明作为注册时增加执业专业类别的依据。

4. 上述报名条件中有关学历或学位的要求是指经国家教育行政部门承认的正规学历或学位。从事建设工程项目施工管理工作年限是指取得规定学历前后从事该项工作的时间总和。全日制学历报考人员，未毕业期间经历不计入相关专业工作年限。

（二）一级建造师考试科目

考试科目	考试时间	题型	题量	满分
建设工程经济	2 小时	单选题	60 题	100 分
		多选题	20 题	
建设工程项目管理	3 小时	单选题	70 题	130 分
		多选题	30 题	
建设工程法规及相关知识	3 小时	单选题	70 题	130 分
		多选题	30 题	
专业工程管理与实务	4 小时	单选题	20 题	160 分（其中实务操作和案例分析题 120 分）
		多选题	10 题	
		实务操作和案例分析题	5 题	

《专业工程管理与实务》科目共包括 10 个专业，分别为：建筑工程、公路工程、铁路工程、民航机场工程、港口与航道工程、水利水电工程、市政公用工程、通信与广电工程、矿业工程和机电工程。

（三）《建设工程法规及相关知识》试卷分析

1. 试卷构成

一级建造师执业资格考试《建设工程法规及相关知识》试卷共分 2 部分：单项选择题、多项选择题。其中单项选择题 70 道，多项选择题 30 道。

全卷总分共计 130 分，其中：单项选择题 70 分（每题 1 分），多项选择题 60 分（每题 2 分）。

2. 评分规则

单项选择题：共 70 题，每题 1 分，每题的备选项中，只有 1 个最符合题意。

多项选择题：共 30 题，每题 2 分，每题的备选项中有 2 个或以上符合题意，至少有一个错项。错选，本题不得分；少选，所选每个项目得 0.5 分。

3. 答题思路

（1）单项选择题

单选题一般考查的知识点都非常基础，正常选择是可以选出答案的，题目主要考查学员对知识的记忆和掌握。个别题目稍有难度，需要通过排除法等方法进行选择。因为单选题只有四个选项，因此答案一般比较明显。

（2）多项选择题

多选题偏重对学员能力的考查和对知识的综合性考查。大多数题目学员很难拿到 2 分，总是在一些干扰项上犹豫不决。对于这些题目，除了要求学员对知识能前后关联，精确把握，也要求学员学会"舍得"的做题原则。也就是说，多选题的给分选择是少选有分，选错得 0 分，因此做多选题要宁缺毋滥，宁愿拿不满，不要全丢分。不要每道题都强求 2 分，有得有失，通过是要务。

学习指导

1. 历年考情分析

近三年考试真题分值统计			（单位：分）
章 \ 年份	2018 年	2019 年	2020 年
第一章 建设工程基本法律知识	31	29	33
第二章 施工许可法律制度	9	9	7
第三章 建设工程发承包法律制度	11	11	12
第四章 建设工程合同和劳动合同法律制度	16	18	16
第五章 建设工程施工环境保护、节约能源和文物保护法律制度	7	7	7
第六章 建设工程安全生产法律制度	18	18	18
第七章 建设工程质量法律制度	20	20	19
第八章 解决建设工程纠纷法律制度	18	18	17

第一章 建设工程基本法律知识

基本法律知识在考试中所占的分值越来越高，是整本教材里节的数目最多的，共有十节，同时也是知识点最繁杂、细节最多的，需要花非常多的时间精力去学习。但相对来讲各节内容比较独立，建议考生在学习中分章为节，按节学习。

第二章 施工许可法律制度

施工许可法律制度考频较低，占分较少，需要考生学习施工许可、施工企业从业资格、建造师注册执业制度这三方面内容。在学习过程中，难点不多，便于理解。

第三章 建设工程发承包法律制度

发承包法律制度主要考查招标投标、承包制度、信用体系建设。在本章中，招投标的内容是最重要，也是知识点最多的，需要结合实际进行掌握。同时，教材内容与实践工作有一定的偏差，需要考生能够区分，不能一概而谈，完全带着工作经验来学习书本内容。

第四章 建设工程合同和劳动合同法律制度

合同制度分成三节：建设工程合同制度、劳动合同以及相关合同。其中，第一节和第二节是完全独立的两种合同，内容不能混淆，考生在学习中也不要去做对比，没有可比性。相关合同当中包括八种相关合同，在学习的时候需要有一定的侧重。

第五章 建设工程施工环境保护、节约能源和文物保护法律制度

本章分为三节：环保、节能、文物保护，考查内容比较基础，是八章里占分相对较少的一章，学习中注意对知识点进行归纳，有详有略进行学习。

第六章 建设工程安全生产法律制度

安全生产法律制度内容较多，但没有难点，需要考生结合实际进行理解。抓好关键词，抓好重点，进行常规学习即可。

第七章　建设工程质量法律制度

质量法律制度内容比安全略少，知识点比较独立，重点也非常突出。其中，第一节分值很少，其他四节内容都非常重要，需要考生重点掌握。

第八章　解决建设工程纠纷法律制度

纠纷解决是历年考试考生学习痛点，知识点散而杂，非常容易混淆，需要考生有集中对比，归纳总结的能力。

我们可以将整本教材分梯度进行学习，分配自己的时间精力。二、五两章占分较少，知识点也相对简单且分散，找准重点进行学习即可，三、四、六、七四章内容不少，但知识点相对来讲都比较简单且非常好理解，正常掌握即可，而第八章涉及较多的对比且容易混淆，难度仅次于第一章，需要学员融会贯通。

2. 学习建议

《建设工程法规及相关知识》这门课程生活中接触的较多，学习起来感觉不陌生，再加上认真听课，是比较容易通过的。《建设工程法规及相关知识》的读书、听课、做题的关系可以用 1：1：1 来划分。首先需要自己详细阅读教材，对教材有初步的认识，很多知识点自己是可以理解并记忆的。其次是听课，自己看书过程中没有看懂的知识点通过听课能够理解；漏掉的、大而化之的知识点通过老师的强调能够重视起来；看懂的通过听课巩固，同时注意老师的讲解，判断自己的理解是否正确并加深记忆。最后是做题。书看再多遍，都需要通过做题来落到实处。不做题永远不知道考试会怎么进行考查。题目做多了，有了所谓的题感，通过自然不在话下。

第一章

建设工程基本法律知识

■ 本章近三年考情

本章近三年考试真题分值统计			（单位：分）
年份 节	2018 年	2019 年	2020 年
第一节　建设工程法律体系	2	2	2
第二节　建设工程法人制度	1	1	1
第三节　建设工程代理制度	2	2	2
第四节　建设工程物权制度	4	4	4
第五节　建设工程债权制度	4	4	5
第六节　建设工程知识产权制度	2	2	2
第七节　建设工程担保制度	4	4	4
第八节　建设工程保险制度	3	3	3
第九节　建设工程税收制度	6	6	7
第十节　建设工程法律责任制度	3	1	3

第一节　建设工程法律体系

✍ 学习指导

　　法律体系也称法的体系，通常指由一个国家现行的各个部门法构成的有机联系的统一整体。本节主要讲解法的形式和效力层级，法的形式是将我国的法律体系按照一定的原则划分成效力不同的形式，法的效力层级则比较这些形式效力的大小。本节考查分值不高，近两年考查主要集中在法的效力层级这个考点。

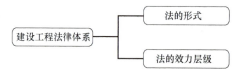

▶ 考点 1　法的形式

一、概述

　　法的形式是指法律创制方式和外部表现形式。我国法的形式是制定法形式，具体可分为：（一）宪法；（二）法律；（三）行政法规；（四）地方性法规、自治条例和单行条例；（五）部门规章；（六）地方政府规章；（七）国际条约。

我国法的形式为制定法。习惯、宗教、判例不是法的形式。

二、法的形式

（一）法的形式的判定方法

法的形式可以根据一定的方法进行判定（表1-1-1）。

法的形式的判定方法　　　　　　　　　　表 1-1-1

法的形式	判定方法	举例
宪法	无	《中华人民共和国宪法》
法律	××"法"	《中华人民共和国合同法》
行政法规	××"条例"	《建设工程质量管理条例》
地方性法规、自治条例和单行条例	（地名）××"条例"	《北京市建筑市场管理条例》
部门规章	××"规定/办法/实施细则"	《招标公告发布暂行办法》《市政公用设施抗灾设防管理规定》
地方政府规章	（地名）××"规定/办法/实施细则"	《重庆市建设工程造价管理规定》
国际条约	—	—

（二）法的形式的制定部门

不同的法的形式制定部门不同，效力不同。法的形式与制定部门的对应关系（表1-1-2）。

法的形式的制定部门　　　　　　　　　　表 1-1-2

法的形式	制定部门及解释	其他程序
宪法	全国人民代表大会依照特别程序制定的具有最高效力的根本法	
法律	全国人民代表大会和全国人民代表大会常务委员会制定颁布的规范性法律文件	国家主席签署主席令予以公布
行政法规	国务院根据宪法和法律就有关执行法律和履行行政管理职权的问题，以及依据全国人民代表大会及其常务委员会特别授权所制定的规范性文件的总称	总理签署国务院令予以公布
地方性法规、自治条例和单行条例	省、自治区、直辖市的人民代表大会制定的地方性法规	由大会主席团发布公告予以公布
	省、自治区、直辖市的人民代表大会常务委员会制定的地方性法规	由常务委员会发布公告予以公布
	设区的市、自治州的人民代表大会及其常务委员会制定的地方性法规	报经批准后，由设区的市、自治州的人民代表大会常务委员会发布公告予以公布

续表

法的形式	制定部门及解释	其他程序
地方性法规、自治条例和单行条例	自治条例和单行条例报经批准后，分别由自治区、自治州、自治县的人民代表大会常务委员会发布公告予以公布	—
部门规章	国务院各部、委员会、中国人民银行、审计署和具有行政管理职能的直属机构所制定的规范性文件称部门规章	由部门首长签署命令予以公布
地方政府规章	省、自治区、直辖市和设区的市、自治州的人民政府，可以根据法律、行政法规和本省、自治区、直辖市的地方性法规，制定地方政府规章	由省长或者自治区主席或者市长签署命令予以公布
国际条约	—	—

▶ 考点 2　法的效力层级

一、法的效力层级的概念

法的效力层级，是指法律体系中的各种法的形式，由于制定的主体、程序、时间、适用范围等的不同，具有不同的效力，形成法的效力等级体系。法的效力层级本质上是法的冲突适用问题。

我国法律体系可以按纵向划分层级（图1-1-1）。

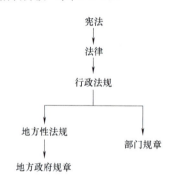

图1-1-1　法律体系的纵向层级

二、法的效力层级的基本原则（表 1-1-3）

法的效力层级的基本原则　　　　　　　　　　　　　表 1-1-3

基本原则	具体规定
宪法至上	宪法是具有最高法律效力的根本大法，具有最高的法律效力
上位法优于下位法	当两个规范性文件规定不一致，且存在上下位关系，称为"法的纵向冲突"：直接适用上位规定，下位的规定无效

续表

基本原则	具体规定
特别法优于一般法	同一机关制定的法律、行政法规、地方性法规、自治条例和单行条例、规章，特别规定与一般规定不一致的，适用特别规定
新法优于旧法	同一机关制定的法律、行政法规、地方性法规、自治条例和单行条例、规章，新规定与旧规定不一致的，适用新的规定
特殊情况	—

三、特殊情况

当两个规范性文件规定不一致，且不存在上下位关系，称为"法的横向冲突"，适用何者规定，一般需要经过有权机关裁决。

（一）新的一般规定与旧的特别规定冲突

根据上述基本原则：新法优于旧法，特别法优于一般法。当新的一般规定与旧的特别规定冲突时，基本原则不适用（表1-1-4）。

新的一般规定与旧的特别规定冲突的解决　　　　表 1-1-4

冲突		解决原则
法律之间	对同一事项的新的一般规定与旧的特别规定不一致	由全国人民代表大会常务委员会裁决
行政法规之间	对同一事项的新的一般规定与旧的特别规定不一致	由国务院裁决
同一机关制定的	新的一般规定与旧的特别规定不一致	由制定机关裁决

（二）地方性法规、规章之间的冲突

地方性法规、规章之间不一致时，由有关机关依照下列规定的权限进行裁决（表1-1-5）。

不同机关制定的内容冲突　　　　表 1-1-5

冲突		解决原则
不同机关制订	地方性法规与部门规章冲突	国务院认为应适用地方性法规，国务院裁决
		国务院认为应当适用部门规章，提请全国人大常委会裁决
	A 部门规章与 B 部门规章冲突	国务院裁决
	部门规章与地方政府规章冲突	

（三）备案

行政法规、地方性法规、自治条例和单行条例、规章应当在公布后的 30 日内依照下列规定报有关机关备案（表1-1-6）。

行政法规等的备案　　　　　　　　表 1-1-6

法的形式		备案部门	其他说明
行政法规		报全国人民代表大会常务委员会备案	—
地方性法规	省、自治区、直辖市的人民代表大会及其常务委员会制定	报全国人民代表大会常务委员会和国务院备案	—
	设区的市、自治州的人民代表大会及其常务委员会制定	由省、自治区的人民代表大会常务委员会报全国人民代表大会常务委员会和国务院备案	—
自治州、自治县的人民代表大会制定的自治条例和单行条例		由省、自治区、直辖市的人民代表大会常务委员会报全国人民代表大会常务委员会和国务院备案	自治条例、单行条例报送备案时，应当说明对法律、行政法规、地方性法规做出变通的情况
部门规章		报国务院备案	—
地方政府规章		报国务院备案	地方政府规章应当同时报本级人民代表大会常务委员会备案；设区的市、自治州的人民政府制定的规章应当同时报省、自治区的人民代表大会常务委员会和人民政府备案
根据授权制定的法规		报授权决定规定的机关备案	—
其他规定		经济特区法规报送备案时，应当说明对法律、行政法规、地方性法规作出变通的情况	

强化练习

1. [2020 年真题] 根据《立法法》，地方性法规、规章之间不一致时，由有关机关依照规定的权限作出裁决，关于裁决权限的说法，正确的是（　　）。

A. 同一机关制定的新的一般规定与旧的特别规定不一致时，由制定机关的上级机关裁决

B. 地方性法规与部门规章之间对同一事项的规定不一致，不能确定如何适用时，应当提请全国人民代表大会常务委员会裁决

C. 部门规章与地方政府规章之间对同一事项的规定不一致时，由部门规章的制定机关进行裁决

D. 根据授权制定的法规与法律规定不一致，不能确定如何适用时，由全国人民代表大会常务委员会裁决

2. [2019 年真题] 不同行政法规对同一事项的新的一般规定与旧的特别规定不一致，不能确定如何适用时，由（　　）裁决。

A. 国务院　　　　　　　　　　　　　B. 最高人民法院

C. 国务院司法行政部门　　　　　　　D. 全国人大常委会

3. [2018年真题] 关于法的效力层级的说法，正确的是（　　）。

A. 当一般规定与特别规定不一致时，优先适用一般规定

B. 地方性法规的效力高于本级地方政府规章

C. 特殊情况下，法律、法规可以违背宪法

D. 行政法规的法律地位仅次于宪法

4. [2017年真题] 关于上位法与下位法法律效力的说法，正确的是（　　）。

A. 《招标投标法实施条例》高于《招标公告发布暂行办法》

B. 《建设工程质量管理条例》高于《建筑法》

C. 《建筑业企业资质管理规定》高于《外商投资建筑业企业管理规定》

D. 《建设工程勘察设计管理条例》高于《城市房地产开发经营管理条例》

5. [2016年真题] 关于地方性法规批准和备案的说法，正确的是（　　）。

A. 设区的市的地方性法规应当报省级人大常委会备案

B. 自治州的单行条例报送备案时，应当说明做出变通的情况

C. 省级人大常委会的地方性法规应报全国人大常委会批准

D. 自治县的单行条例由自治州人大常委会报送全国人大常委会和国务院备案

参考答案

1. D；2. A；3. B；4. A；5. C

第二节　建设工程法人制度

 学习指导

法人是建设工程活动中最主要的主体。本节围绕法人来进行讲解，分别介绍了法人的定义、成立条件、分类以及企业法人与项目经理部的关系。其中，企业法人与项目经理部的法律关系为高频考点。

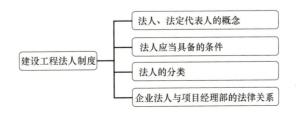

建设工程法人制度
- 法人、法定代表人的概念
- 法人应当具备的条件
- 法人的分类
- 企业法人与项目经理部的法律关系

▶ 考点 1　法人、法定代表人的概念

一、法人的概念

法人是具有民事权利能力和民事行为能力，依法独立享有民事权利和承担民事义务的<u>组织</u>（单位）。

二、法定代表人的概念

依照法律或者法人章程的规定，代表法人从事民事活动的<u>负责人</u>，为法人的法定代表人（自然人）。

三、法人与法定代表人的关系

法人与法定代表人的关系（图1-2-1）。

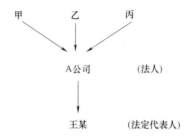

注：甲乙丙合资成立A公司，A公司符合法人的成立要件，经工商部门核准登记后即为法人。A公司选择王某作为其法定代表人，法定代表人的职务行为可以代表企业法人。

图1-2-1　法人与法定代表人的关系

▶ 考点 2　法人应当具备的条件

一、依法成立

设立法人，法律、行政法规规定须经有关机关批准的，按照其规定。

二、有自己的名称、组织机构、住所、财产和经费

（1）法人的住所是法人进行业务活动的所在地，也是确定法律管辖的依据。

（2）法人以其<u>主要办事机构所在地</u>为住所。

（3）有必要的财产或者经费是法人进行民事活动的物质基础。

三、能够独立承担民事责任

法人以其<u>全部财产</u>独立承担民事责任。

四、有法定代表人

（1）以法人名义从事的民事活动或者其他执行职务的行为，其法律后果由<u>法人</u>承受。

（2）法人的章程或者权力机构对法定代表人的代表权范围的限制，不得对抗善意相对人。

（3）因执行职务造成他人损害的，由法人承担民事责任。法人承担民事责任后，依照法律或者法人章程的规定，可以向有过错的法定代表人<u>追偿</u>。

▶ 考点 3　法人的分类

一、法人的分类

法人分为营利法人、非营利法人和特别法人三大类（图 1-2-2）。

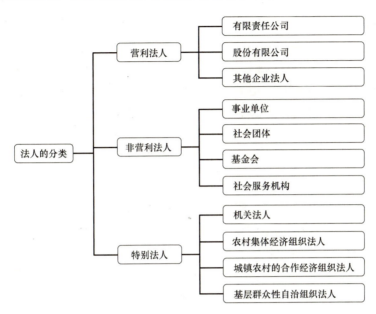

图1-2-2　法人的分类

二、法人取得资格

不同种类的法人取得资格的程序不同（表 1-2-1）。

法人取得资格的程序　　　　　　　　　　表 1-2-1

法人的分类		法人取得资格的程序
营利法人		（1）经依法登记成立； （2）由登记机关发给营利法人营业执照； （3）营业执照签发日期为营利法人的成立日期
非营利法人	依法不需要办理法人登记的	从成立之日起，具有事业单位法人资格
	具备法人条件，为适应社会经济发展需要，提供公益服务设立的事业单位	经依法登记成立，取得事业单位法人资格
特别法人	有独立经费的机关和承担行政职能的法定机构	从成立之日起，具有机关法人资格

在建设工程中，施工、勘察、设计、监理单位、招标代理机构等一定是法人组织（因为需要申请资质，而申请资质的前提必须是独立法人）。建设单位不需要资质，因此可以是法人，也可以是没有法人资格的其他组织。

▷ 考点 4　企业法人与项目经理部的法律关系

一、与企业法人相关的概念

（一）项目经理部

（1）施工企业为了完成某项建设工程施工任务而设立的组织，是一次性的具有弹性的现场生产组织机构。

（2）对于大中型施工项目，施工企业应当在施工现场设立项目经理部；小型施工项目，可以由施工企业根据实际情况选择适当的管理方式。

（3）项目经理部不具备法人资格，而是施工企业根据建设工程施工项目而组建的非常设的下属机构。

（二）项目经理

（1）施工企业的项目经理，是受企业法人的委派，对建设工程施工项目全面负责的项目管理者，是一种施工企业内部的岗位职务。

（2）项目经理根据企业法人的授权，组织和领导本项目经理部的全面工作。在每个施工项目上必须有一个经企业法人授权的项目经理。

（三）法定代表人

企业法人的法定代表人，其职务行为可以代表企业法人。

二、企业法人与项目经理部的法律关系

由于项目经理部不具备独立的法人资格，无法独立承担民事责任。所以，项目经理部行为的法律后果将由企业法人承担。

◢ 强化练习 ....

1. [2020 年真题] 某施工企业是法人，关于该施工企业应当具备条件的说法，正确的是（　　）。

A. 该施工企业能够自然产生　　　　　B. 该施工企业能够独立承担民事责任

C. 该施工企业的法定代表人是法人　　D. 该施工企业不必有自己的住所、财产

2. [2019 年真题] 法人进行民事活动的物质基础是（　　）。

A. 有自己的名称　　　　　　　　　　B. 有自己的组织机构

C. 有必要的财产或经费　　　　　　　D. 有自己的住所

3. [2018 年真题] 下列法人中，属于特别法人的是（　　）。

A. 基金会法人　　　　　　　　　　　B. 事业单位法人

C. 社会团体法人　　　　　　　　　　D. 机关法人

4. [2017 年真题] 下列主体中，属于法人的是（　　）。

A. 某施工企业项目部　　　　　　　　B. 某施工企业分公司

C. 某大学建筑学院　　　　　　　　　D. 某乡人民政府

5. [2016年真题] 某施工企业的项目经理李某在工程施工过程中订立材料采购合同，承担该合同付款责任的是（　　）。

A. 李某

B. 施工企业

C. 李某所属施工企业项目经理部

D. 施工企业法定代表人

参考答案

1. B；2. C；3. D；4. D；5. B

第三节　建设工程代理制度

 学习指导

在建设工程活动中，通过委托代理实施民事法律行为的情形较为常见。因此，了解和熟悉有关代理的基本法律知识是十分必要的。本节主要围绕代理制度，从代理的定义入门，讲解了代理的特征和种类、设立和终止、代理人和被代理人的权利义务及法律责任等，对代理的内容进行了全方位的介绍。其中，在相关的权利义务考点中，无权代理与表见代理的异同是考生学习的难点，也是考试的重点。

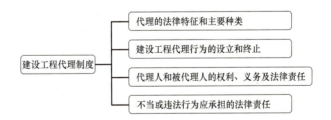

建设工程代理制度
- 代理的法律特征和主要种类
- 建设工程代理行为的设立和终止
- 代理人和被代理人的权利、义务及法律责任
- 不当或违法行为应承担的法律责任

▶ 考点 1　代理的法律特征和主要种类

一、代理的定义

民事主体可以通过代理人实施民事法律行为。代理人在代理权限内，以被代理人的名义实施民事法律行为，对被代理人发生效力。代理涉及三方当事人，即被代理人、代理人和代理关系所涉及的相对人（图 1-3-1）。

二、代理的法律特征

代理有四项法律特征（图 1-3-2）。

图1-3-1　代理所涉及的当事人

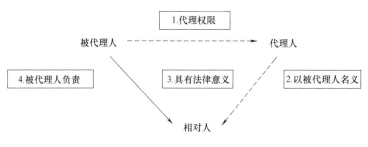

图1-3-2　代理的法律特征

（1）代理权限：代理人必须在代理权限范围内实施代理行为。（没有代理权、超越代理权或者代理权终止后的行为，只有经过被代理人的追认，被代理人才承担民事责任，即无权代理。）

（2）以被代理人名义：代理人应该以被代理人的名义（而不是自己的名义）实施代理行为。

（3）具有法律意义：代理必须是具有法律意义的行为。（即被代理人意图与相对人发生权利义务关系，产生法律后果的行为。）

（4）被代理人负责：代理行为的法律后果归属被代理人。（即该代理行为由被代理人承担民事责任。）

三、代理的主要种类（表 1-3-1）

代理的主要种类　　　　　　　　　　　　　　　　　　　　　表 1-3-1

代理的主要种类	解释	举例
委托代理	委托代理按照被代理人的委托行使代理权	被代理人是以意思表示的方法将代理权授予代理人的。比如委托招标代理机构
法定代理	根据法律的规定而发生的代理	无民事行为能力人、限制民事行为能力人的监护人是他的法定代理人

▶ 考点 2　建设工程代理行为的设立和终止

建设工程中，招标活动、采购活动、诉讼活动均可以委托代理。但工程承包活动的代理实际上是挂靠行为，为法律所禁止。

一、建设工程代理行为的设立

（一）不得委托代理的建设工程活动

（1）依照法律规定或者按照双方当事人约定，应当由本人实施的民事法律行为，不得代理。

（2）建设工程的承包活动不得委托代理：施工总承包的，建筑工程主体结构的施工必须由总承包单位自行完成。

（二）一般代理行为无法定的资格要求

下列人员可以被委托为诉讼代理人：

（1）律师、基层法律服务工作者；

（2）当事人的近亲属或者工作人员；

（3）当事人所在社区、单位以及有关社会团体推荐的公民。

（三）民事法律行为的委托代理

（1）建设工程代理行为多为民事法律行为的委托代理。

（2）民事法律行为的委托代理，可以用书面形式，也可以用口头形式。但是，法律规定用书面形式的，应当用书面形式。

二、建设工程代理行为的终止

《民法总则》规定，有下列情形之一的，委托代理终止：

（1）代理期间届满或者代理事务完成；

（2）被代理人取消委托或者代理人辞去委托；

（3）代理人丧失民事行为能力；

（4）代理人或者被代理人死亡；

（5）作为被代理人或者代理人的法人、非法人组织终止。

▶ 考点 3　代理人和被代理人的权利、义务及法律责任

一、转托他人代理应当事先取得被代理人的同意

代理人需要转委托第三人代理的，应当取得被代理人的同意或者追认（图1-3-3）。

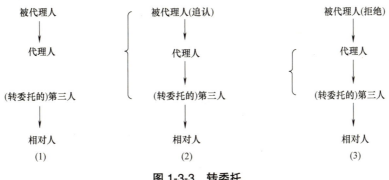

图 1-3-3　转委托

（1）委托代理人为被代理人的利益需要转托他人代理的，应当事先取得被代理人的同意；

（2）事先没有取得被代理人同意的，应当在事后及时告诉被代理人，如果被代理人同意（追认），则被代理人承担责任；

（3）转委托代理未经被代理人同意或者追认的，代理人应当对转委托的第三人的行为承担责任，但在紧急情况下为了维护被代理人的利益需要转委托第三人代理的除外（此种情况下被代理人承担责任）。

二、无权代理与表见代理

（一）无权代理（图1-3-4）

行为人没有代理权、超越代理权或者代理权终止后，仍然实施代理行为，未经被代理人追认的，对被代理人不发生效力（由行为人承担民事责任）。只有经过被代理人的追认，被代理人才承担民事责任。

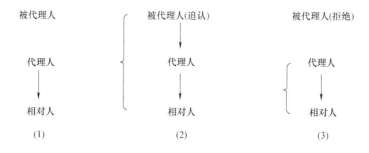

图1-3-4　无权代理

图1-3-4中（1）被代理人与代理人之间的内部授权缺失（没有代理权、超越代理权或代理权已终止）→无权代理；

图1-3-4中（2）被代理人追认（补足内部授权），被代理人承担民事责任；

图1-3-4中（3）被代理人拒绝（内部授权仍然缺失），行为人（无权代理人）承担民事责任。

（二）表见代理（图1-3-5）

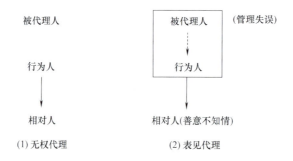

图1-3-5　表见代理

行为人（无权代理人）虽无权代理，但由于行为人（无权代理人）的某些行为，造成了足以使善意相对人相信其有代理权的表象，而与善意相对人进行的、由本人（被代理人）承担法律后果的代理行为。

图 1-3-5 中（1）为无权代理，显然被代理人和代理人之间的内部授权缺失（被代理人与代理人之间为空白）。

图 1-3-5 中（2）为表见代理，在被代理人和代理人之间的内部授权缺失（没有代理权、超越代理权、代理权已终止，实质上就是无权代理，在图中表现为被代理人和代理人之间为虚线）的基础上，由于①须存在足以使相对人相信行为人具有代理权的事实或理由（如行为人持有由本人发出的委任状、已加盖公章的空白合同书或者有显示本人向行为人授予代理权的通知函告等证明类文件）；②须本人存在过失（管理失误）；③须相对人为善意（不知情），则构成表见代理。

其中：相对人为善意是指相对人对内部授权缺失这件事毫不知情，行为人指无权代理人，本人指被代理人。

（三）代理、无权代理、表见代理的对比（表 1-3-2）

代理、无权代理、表见代理的对比　　　　　　　　　　　　　　　　　表 1-3-2

对比	表现	后果	
代理	被代理人→代理人→第三人 （内部授权）（外部行为）	合同有效，被代理人担责	
无权代理	被代理人　代理人→第三人 （外部行为）	效力待定合同	被代理人追认，被代理人担责
			被代理人拒绝，无权代理人担责
表见代理	被代理人　代理人→第三人 （管理失误）（外部行为）	合同有效	本人（被代理人）担责，担责后可向行为人（无权代理人）追偿

▶ 考点 4　不当或违法行为应承担的法律责任

代理当中涉及被代理人、代理人、第三人，任何一方的过错造成的损失都应该由过错方承担，具体内容见表 1-3-3。

代理中的责任承担　　　　　　　　　　　　　　　　　表 1-3-3

不当或违法行为	被代理人	代理人	第三人
委托书授权不明	连带责任		—
代理人不履行职责而给被代理人造成损害	—	民事责任	—
代理人和第三人串通，损害被代理人的利益	—	连带责任	

续表

不当或违法行为	被代理人	代理人	第三人
第三人知道行为人是无权代理，还与行为人实施民事行为给他人造成损害	—	连带责任	
代理人知道被委托代理的事项违法仍然进行代理活动的，或者被代理人知道代理人的代理行为违法不表示反对	连带责任		—

注：连带责任是指依照法律规定或者当事人约定，两个或者两个以上当事人对其共同债务全部承担或部分承担，并能因此引起其内部债务关系的一种民事责任。当责任人为多人时，每个人都负有清偿全部债务的责任，各责任人之间有连带关系。

强化练习

1. [2020年真题] 关于代理的说法，正确的是（　　）。

A. 代理人实施代理行为时有独立进行意思表示的权利

B. 代理人知道代理事项违法仍然实施代理行为，其代理行为后果由被代理人承担

C. 代理人完全履行职责造成被代理人损害的，代理人对该代理行为承担民事责任

D. 代理人可以对被代理人的任何民事法律行为进行代理

2. [2019年真题] 关于建设工程代理的说法，正确的是（　　）。

A. 建设工程合同诉讼只能委托律师代理

B. 建设工程中的代理主要是法定代理

C. 建设工程应当由本人实施的民事法律行为，不得代理

D. 建设工程中为了被代理人的利益，代理人可以直接委托他人代理

3. [2019年真题] 关于表见代理的说法，正确的是（　　）。

A. 表见代理属于无权代理，对本人不发生法律效力

B. 表见代理中，由行为人和本人承担连带责任

C. 表见代理对本人产生有权代理的效力

D. 第三人明知行为人无代理权仍与之实施民事法律行为，属于表见代理

4. [2018年真题] 关于表见代理的说法，正确的是（　　）。

A. 表见代理属于无权代理，对本人不发生法律效力

B. 本人承担表见代理产生的责任后，可以向无权代理人追偿因代理行为而遭受的损失

C. 表见代理中，由行为人和本人承担连带责任

D. 第三人明知行为人无代理权仍与之实施民事行为，构成表见代理

5. [2018年真题] 关于委托代理的说法，正确的是（　　）。

A. 委托代理授权必须采用书面形式

B. 数人为同一事项的代理人，若无特别约定，应当分别行使代理权

C. 代理人明知代理事项违法仍然实施代理行为，应与被代理人承担连带责任

D. 被代理人明知代理人的代理行为违法未作反对表示，应由被代理人单独承担责任

6. ［2017 年真题］关于代理的说法，正确的是（　　）。

A. 作为被代理人的法人终止，委托代理终止

B. 代理涉及被代理人和代理人两方当事人

C. 民事法律行为的委托代理必须采用书面形式

D. 代理人明知被委托代理的事项违法仍进行代理的，代理人承担全部民事责任

7. ［2016 年真题］关于建设工程代理的说法，正确的是（　　）。

A. 招标活动应当委托代理

B. 代理人不可以自行辞去委托

C. 被代理人可以单方取消委托

D. 法定代表人与法人之间是法定代理关系

8. ［2016 年真题］关于不当或违法代理行为应承担法律责任的说法，正确的有（　　）。

A. 第三人明知代理人超越代理权与其实施民事行为的，第三人承担主要责任

B. 代理人不履行职责，应当承担民事责任

C. 被代理人知道代理人行为违法而不反对的，代理人承担主要责任

D. 表见代理的民事责任由被代理人承担

E. 委托书授权不明的，责任由被代理人承担

参考答案

1. A；2. C；3. C；4. B；5. C；6. A；7. C；8. B、D

第四节　建设工程物权制度

 学习指导

物权是一项基本民事权利，也是大多数经济活动的基础和目的。本节是第一章考察的重点，主要围绕物权展开，讲解了物权本身的含义，以及与建设工程相关的几种主要物权，最后讲解了物权的设立等知识点。物权与考生生活关联度较大，在学习的过程中，可以结合实际生活去理解。本节当中，建设用地使用权和地役权是考试的重点。

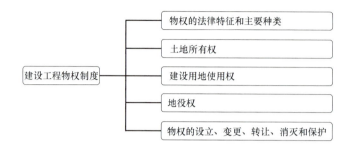

考点 1　物权的法律特征和主要种类

一、相关概念

（1）物权是指权利人依法对特定的物享有直接支配和排他的权利，包括所有权、用益物权和担保物权。

（2）物权的客体一般是物，包括不动产和动产。

（3）不动产，是指土地以及房屋、林木等地上定着物。

（4）动产，是指不动产以外的物。

二、物权的特征

（一）支配权

权利人可以根据自己的意志直接支配标的物，无须他人的意思或义务人的行为介入。

举例：属于张三个人独有的房屋，张三可以根据自己的意志按照法律规定卖掉，无须他人意思表示或义务人的行为介入。

（二）绝对权

权利人可以对抗一切不特定的人（区分于债权的相对性，债权只能对抗特定的人）。

（三）财产权

物权是一种具有物质内容的、直接体现为财产利益的权利。

（四）排他性

一物一权，相排斥的物权不能同时存在于同一物上。

三、物权的种类（表 1-4-1）

物权的种类　　　　　　　　　　　　　　　　　　　　　　　　　　表 1-4-1

物权的种类	内容
所有权	对自己的物的权利。含占有、使用、收益、处分四项权能
用益物权	对他人的物的占有、使用、收益权（没有处分权）
	包括：建设用地使用权、地役权、宅基地使用权、土地承包经营权
担保物权	对他人的物的优先受偿权
	包括：抵押权、质权、留置权

▶ 考点 2 土地所有权

一、土地所有权的概念

土地所有权是国家或农民集体依法对归其所有的土地所享有的具有支配性和绝对性的权利。

二、土地所有权的性质

我国实行土地的社会主义公有制，即全民所有制和劳动群众集体所有制。全民所有即国家所有土地的所有权由国务院代表国家行使。

三、土地所有权的分类（图1-4-1）

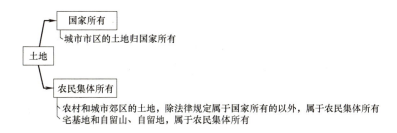

图1-4-1 土地所有权的分类

▶ 考点 3 建设用地使用权

一、建设用地使用权的概念

建设用地使用权是因建造建筑物、构筑物及其附属设施而使用国家所有的土地的权利，该权利只能存在于国家所有的土地上，农民集体所有的土地上不能设立建设用地使用权。

二、建设用地使用权的设立

（1）建设用地使用权可以在土地的地表、地上或者地下分别设立。新设立的建设用地使用权，不得损害已设立的用益物权。如：地下停车场、房屋、过街天桥等。

（2）设立建设用地使用权，可以采取出让或者划拨等方式（图1-4-2）。

图1-4-2 建设用地使用权的设立方式

工业、商业、旅游、娱乐和商品住宅等经营性用地以及同一土地有两个以上意向用地者的，应当采取招标、拍卖等公开竞价的方式出让。

国家严格限制以划拨方式设立建设用地使用权。采取划拨方式的，应当遵守法律、行政法规关于土地用途的规定。

（3）设立建设用地使用权的，应当向登记机构申请建设用地使用权登记。建设用地使用权自登记时设立。登记机构应当向建设用地使用权人发放建设用地使用权证书。

三、建设用地使用权的流转、续期和消灭

建设用地使用权人将建设用地使用权转让、互换、出资、赠予或者抵押，应当符合以下规定：

（1）当事人应当采取书面形式订立相应的合同。使用期限由当事人约定，但不得超过建设用地使用权的剩余期限（图1-4-3）。

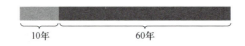

10年　　60年

图1-4-3　建设用地使用权的流转

举例：某建设用地使用权70年，已使用10年，现使用权人对该建设用地使用权进行转让，则须与让与人签订书面合同，约定使用期限，但最长不得超过剩余期限，即70-10=60年。

（2）应当向登记机构申请变更登记。

（3）附着于该土地上的建筑物、构筑物及其附属设施一并处分（"房地不分离"）。

住宅建设用地使用权期间届满的，自动续期。非住宅建设用地使用权期间届满后的续期，依照法律规定办理。

建设用地使用权消灭的，出让人应当及时办理注销登记。登记机构应当收回建设用地使用权证书。

四、对土地权利的总结（图1-4-4）

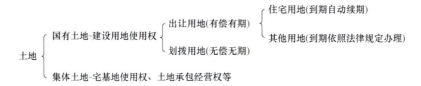

图1-4-4　对土地权利的总结

▶ 考点 4　地役权

一、地役权的概念

地役权是指为使用自己不动产的便利或提高其效益而按照合同约定利用他人不动产的权利。他人的不动产为供役地，自己的不动产为需役地。

二、地役权的设立（图1-4-5）

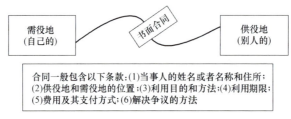

图1-4-5　地役权

（1）地役权自地役权合同<u>生效时</u>设立。

（2）当事人要求登记的，可以向登记机构申请地役权登记；未经登记，不得对抗善意第三人。

举例：甲为了在家中可以更好眺望远处，和他相邻居住的乙约定，甲一次性支付乙2万元，乙5年内不得再盖高过10米的建筑，保障甲的眺望权。2年后，乙将自己的房屋转让给了丙。

在没有登记的情况下，且丙对甲乙的地役权不知情，丙可以盖超过10米的建筑，因为甲的地役权没有登记，不能对抗作为善意第三人的丙。如果甲和乙的地役权登记过，那么就算乙将房屋转让给丙，丙亦要承担原地役权合同的义务。

（3）土地上已设立土地承包经营权、建设用地使用权、宅基地使用权等权利的，未经用益物权人同意，土地所有权人不得设立地役权。

三、地役权的变动

（一）需役地变动（图1-4-6）

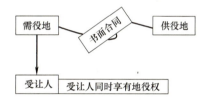

图1-4-6　需役地变动

需役地以及需役地上的土地承包经营权、建设用地使用权、宅基地使用权部分转让时，转让部分涉及地役权的，<u>受让人同时享有地役权</u>。举例：甲为了在家中可以更好眺望远处，和他相邻居住的乙约定，甲一次性支付乙2万元，乙5年内不得再盖高过10米的建筑，保障甲的眺望权。2年后，甲将自己的房屋转让给了丙，那么丙同时享有地役权，可以继续要求邻居乙的房屋不得再盖超过10米。

（二）供役地变动（图1-4-7）

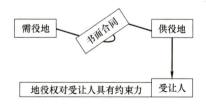

图1-4-7　供役地变动

供役地以及供役地上的土地承包经营权、建设用地使用权、宅基地使用权部分转让时，转让部分涉及地役权的，地役权对受让人具有约束力（该约束力存在例外：未经登记，不得对抗善意第三人，结合上述地役权的设立进行学习）。

▶ 考点 5　物权的设立、变更、转让、消灭和保护

一、不动产物权的设立、变更、转让、消灭

（1）不动产物权 - 登记设立：不动产物权的设立、变更、转让和消灭，应当依照法律规定登记，自记载于不动产登记簿时发生效力。经依法登记，发生效力；未经登记，不发生效力，但法律另有规定的除外。

（2）法律其他规定：依法属于国家所有的自然资源，所有权可以不登记。

（3）登记机构：不动产登记，由不动产所在地的登记机构办理。

（4）不动产物权的合同 - 成立生效：当事人之间订立有关设立、变更、转让和消灭不动产物权的合同，除法律另有规定或者合同另有约定外，自合同成立时生效；未办理物权登记的，不影响合同效力。

二、动产物权的设立和转让

（一）动产物权 - 交付

动产物权以占有和交付为公示手段。动产物权的设立和转让，应当依照法律规定交付。

（二）特殊动产 - 登记对抗

动产物权的设立和转让，自交付时发生效力，但法律另有规定的除外。船舶、航空器和机动车等物权的设立、变更、转让和消灭，未经登记，不得对抗善意第三人。

举例：设甲欠乙债 10 万元，以自己所有的一辆汽车向乙设立抵押，但没有办理登记。抵押期间，甲未经乙的同意，以 9 万元的价格擅自将汽车卖于不知该汽车已设有抵押权事实的丙，并货款两清，乙几天后知晓此事诉至法院，称自己不同意甲出卖该汽车，主张甲与丙的买卖无效。法院不予支持该主张，因为甲乙之间的抵押权未经登记，不得对抗善意第三人丙。

三、物权的保护（表 1-4-2）

物权的保护　　　　　　　　　　　　　　　　　　　　　　　　　表 1-4-2

纠纷解决的方式	和解、调解、仲裁或诉讼	
物权保护的一般规定	侵害物权，造成权利人损害的，权利人可以请求损害赔偿，或追究其他民事责任	
物权保护的具体规定	归属、内容发生争议	请求确认物权
	无权占有	请求返还原物
	妨害物权	请求排除妨害
	可能妨害物权	请求消除危险
	造成毁损	请求修理、重作、更换
		请求恢复原状

对于物权保护方式，可以单独适用，也可以根据权利被侵害的情形合并适用。

侵害物权，除承担民事责任外，违反行政管理规定的，依法承担行政责任；构成犯罪的，依法追究刑事责任。

四、物权内容的总结（表 1-4-3）

不动产物权与动产物权的对比　　　　　　　表 1-4-3

物权	适用原则	情形
不动产物权	登记生效主义	自登记时生效，不登记不发生物权效力
例外 1：地役权	登记对抗主义	自地役权合同生效时设立，可以不登记。但未经登记不得对抗善意第三人
例外 2：依法属于国家所有自然资源	—	可以不作所有权登记
动产物权	交付主义	自交付时生效
例外：机动车、船舶、航空器、企业动产	—	自交付时生效。但未经登记不得对抗善意第三人

强化练习

1. ［2020 年真题］关于建设用地使用权设立空间的说法，正确的是（　　　）。

A. 建设用地使用权只能在土地的地表设立

B. 建设用地使用权可以在土地的地表、地上或者地下分别设立

C. 建设用地使用权在土地的地表和地下设立的，应当共同设立

D. 建设用地使用权在土地的地上设立后，权利人自动获得该土地地下的使用权

2. ［2020 年真题］关于地役权的说法，正确的是（　　　）。

A. 地役权自登记时设立

B. 地役权属于担保物权

C. 地役权人有权按照合同约定，利用他人的不动产，以提高自己不动产的效益

D. 供役地上的建设用地使用权部分转让时，转让部分涉及地役权的，地役权对受让人不具有约束力

3. ［2020 年真题］关于所有权的说法，正确的有（　　　）。

A. 所有权人对自己的不动产，依法享有占有、使用、收益和处分的权利

B. 法律规定专属于国家所有的不动产和动产，任何个人不能取得所有权

C. 收益权是所有权内容的核心

D. 所有权的行使，不得损害他人合法权益

E. 所有权人有权在自己的动产上设立用益物权和担保物权

4. ［2019 年真题］建设用地使用权自（　　　）时设立。

A. 土地交付　　　　　　　　　　B. 支付出让金

C. 转让　　　　　　　　　　　　D. 登记

5. ［2019 年真题］关于不动产物权的说法，正确的是（　　　）。

A. 依法属于国家所有的自然资源，所有权可以不登记

B. 不动产物权的转让未经登记不得对抗善意第三人

C. 不动产物权的转让在合同成立时发生效力

D. 未办理物权登记的，不动产物权转让合同无效

6. ［2018年真题］甲将其房屋卖给乙，并就房屋买卖订立合同，但未进行房屋产权变更登记，房屋也未实际交付。关于该买卖合同效力和房屋所有权的说法，正确的是（　　）。

A. 买卖合同有效，房屋所有权不发生变动

B. 买卖合同无效，房屋所有权不发生变动

C. 买卖合同有效，房屋所有权归乙所有，不能对抗善意第三人

D. 买卖合同效力待定，房屋所有权不发生变动

7. ［2018年真题］关于建设用地使用权的说法，正确的有（　　）。

A. 建设用地使用权自合同生效时设立

B. 建设用地使用权可以在土地的地表、地上或者地下分别设立

C. 建设用地使用权人将建设用地使用权转让，可以采用口头约定的形式

D. 建设用地使用权可以与附着于土地上的建筑物、构筑物及其附属设施分别处分

E. 住宅建设用地使用权期间届满的，自动续期

8. ［2017年真题］下列物权种类中，属于担保物权的是（　　）。

A. 抵押权
B. 使用权

C. 收益权
D. 地役权

9. ［2016年真题］关于土地权属的说法，正确的有（　　）。

A. 城市郊区的土地归国家所有
B. 自留地归集体所有

C. 城市市区土地归国家所有
D. 农村土地均归集体所有

E. 宅基地归农民个人所有

参考答案

1. B；2. C；3. A、B、D、E；4. D；5. A；6. A；7. B、E；8. A；9. B、C

第五节　建设工程债权制度

 学习指导

在建设工程活动中，经常会遇到一些债权债务的问题。本节内容比较简单，主要围绕债的几种发生依据展开，合同、侵权、无因管理、不当得利，彼此独立又相互关联。在考试当中考察非常灵活，需要活学活用。本节内容都非常重要，需要考生重点关注。

▶ 考点 1　债的基本法律关系

一、债的概念

债权是因合同、侵权行为、无因管理、不当得利以及法律的其他规定，权利人请求特定义务人为或者不为一定行为的权利。

二、债权人和债务人

享有权利的人是债权人，负有义务的人是债务人。债权人有权要求债务人按照合同的约定或者依照法律的规定履行义务。例如：对于完成施工任务，建设单位是债权人，施工单位是债务人；对于支付工程款，则相反。

三、债的内容

（1）债权主体的相对性；

（2）债权内容的相对性；

（3）债权责任的相对性。

▶ 考点 2　建设工程债的发生依据

一、合同

在当事人之间因产生了合同法律关系，也就是产生了权利义务关系，便设立了债的关系。

二、侵权

公民或法人没有法律依据而侵害他人的财产权利或者人身权利的行为。

举例：施工现场的施工噪声、废水、废弃物排放等，可能对工地附近的居民构成侵权。

三、无因管理

没有法定或约定的义务，为避免他人利益遭受损失，自觉为他人管理事务的行为。

四、不当得利

即没有法律根据，取得不当利益，造成他人损失。得利者应当将所得的不当利益返还给受损失的人。

其中，合同之债属于约定之债，而侵权、不当得利、无因管理均属于法定之债。

五、侵权责任的承担（表 1-5-1）

侵权责任　　　　　　　　　　　　　　　　　　　　表 1-5-1

侵权情形	责任承担
搁置物、悬挂物脱落、坠落（如广告牌等）	除非证明自己无过错，否则建筑物所有人、管理人或使用人承担侵权责任

续表

侵权情形	责任承担	
倒塌	其他责任人原因	建设单位与施工单位连带
		其他责任人
抛掷或坠落（如楼上扔垃圾等）	难以确定具体侵权人，除非证明自己不是侵权人，否则由可能加害的建筑物使用人承担侵权责任（如二楼以上全部担责）	

强化练习

1. [2020年真题] 因合同、侵权行为、无因管理、不当得利以及法律的其他规定，权利人请求特定义务人为或者不为一定行为的权利是（　　）。

A. 物权　　　　　　B. 特许物权　　　　　C. 抗辩权　　　　　　D. 债权

2. [2020年真题] 甲施工企业在道路管道工程施工中未对施工现场采取安全措施，导致行人刘某不慎掉入甲施工企业施工时开挖的沟槽中受伤，施工企业和刘某因此产生的纠纷，属于（　　）。

A. 合同纠纷　　　　B. 侵权纠纷　　　　C. 无因管理纠纷　　　D. 不当得利纠纷

3. [2020年真题] 甲施工企业与乙材料供应商订立了一份货物买卖合同，甲施工企业请求乙材料供应商交付货物，乙材料供应商请求甲施工企业支付货款，则甲施工企业和乙材料供应商行使的权利分别是（　　）。

A. 物权、债权　　　B. 债权、物权　　　C. 物权、物权　　　D. 债权、债权

4. [2020年真题] 建设工程债的发生根据有（　　）。

A. 合同

B. 侵权

C. 政策规定

D. 无因管理

E. 不当得利

5. [2019年真题] 下列情形中，产生合同之债的是（　　）。

A. 施工企业与监理单位恶意串通造成建设单位损失

B. 建设单位与施工企业签订施工承包协议书

C. 施工现场的砖块坠落砸伤现场外的行人

D. 施工企业将本应当汇给甲的设备租赁款汇给了乙

6. [2019年真题] 某施工现场围挡倒塌造成路上行人腿部骨折，应当由（　　）承担连带责任。

A. 建设单位和施工企业　　　　　　B. 建设单位和监理单位

C. 监理单位和施工企业　　　　　　D. 道路管理部门和施工企业

7. [2019年真题] 甲施工企业误将应当支付给乙材料供应商的货款支付给丙材料供应商，关于甲、乙和丙之间债的发生根据及其处理的说法，正确的有（　　）。

A. 丙应当将货款返还给乙　　　　B. 甲向乙支付货款属于合同之债

C. 丙获得货款后属于无因管理之债　　D. 乙和丙之间没有债权和债务关系

E. 丙获得货款构成不当得利之债

8. ［2018 年真题］某工程夜间施工产生的噪声严重影响相邻小区居民的休息，小区居民与该工程施工企业谈判，要求其停止夜间施工，并给予赔偿。该施工企业与小区居民之间债的发生根据是（　　）。

A. 侵权　　　　B. 不当得利　　　　C. 无因管理　　　　D. 合同

9. ［2017 年真题］甲施工企业误将应支付给乙供应商的货款支付给了丙供应商。关于这笔货款的返还，丙与甲之间债的产生根据属于（　　）。

A. 不当得利　　　　B. 侵权　　　　C. 合同　　　　D. 无因管理

10. ［2016 年真题］关于工程建设中债的说法，正确的有（　　）。

A. 监理单位要求存在重大安全隐患的工程暂停施工构成侵权之债

B. 投标人给招标人巨额贿赂骗取中标构成不当得利之债

C. 劳务人员按照规定维修施工工具构成无因管理之债

D. 施工中的建筑物上坠落的砖块造成他人损害构成侵权之债

E. 施工企业向设备商租赁起重机械构成合同之债

参考答案

1. D；2. B；3. D；4. A、B、D、E；5. B；6. A；7. B、D、E；8. A；9. A；10. D、E

第六节　建设工程知识产权制度

 **学习指导**

当今社会是知识社会，知识在生活和工作中都非常重要。本节主要围绕知识产权的三个主要种类：专利权、商标权、著作权来进行展开，对每一种知识产权从概念、适用对象、申请条件等进行了详细的描述。虽然本节内容繁杂，但对考生的学习要求并不高，考试中分值较低。

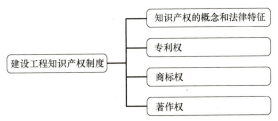

▶ 考点 1　知识产权的概念和法律特征

一、知识产权的概念

知识产权是权利人对其创造的智力成果依法享有的权利。

二、知识产权的内容

知识产权是权利人依法就下列客体享有的专有的权利：（1）作品；（2）发明、实用新型、外观设计；（3）商标；（4）地理标志；（5）商业秘密；（6）集成电路布图设计；（7）植物新品种；（8）其他。

三、知识产权的基本类型（图 1-6-1）

图1-6-1　知识产权的基本类型

工业产权应作最广义的理解，不仅应当适用于工商业本身，而且也应当同样适用于农业和采掘业以及一切制成品或天然产品。

四、知识产权的法律特征

（一）财产权和人身权的双重属性

知识产权由人身权（署名权、发表权、修改权）和财产权（发行权、获得报酬权）两部分构成。其中，财产权可以依法转让。

（二）专有性

知识产权原意为"知识（财产）所有权"或者"智慧（财产）所有权"，也称为智力成果权。是国家赋予创造者对其智力成果在一定时期内享有的专有权或独占权。

（三）地域性

知识产权具有地域性，即除签有国际公约或双边互惠协定外，经一国法律所保护的某项权利只在该国范围内发生法律效力。

（四）期限性

知识产权具有期限性，即法律对各项知识产权，都规定有一定的保护期限。

▶ 考点 2　专利权

一、专利权的概念

专利权是指权利人在法律规定的期限内，对其发明创造所享有的制造、使用和销售的专有权。

二、专利法保护的对象（图 1-6-2）

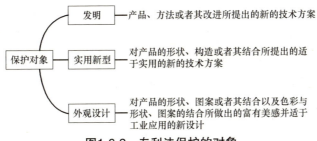

图1-6-2　专利法保护的对象

三、授予专利权的条件

（1）授予专利权的发明和实用新型，应当具备新颖性、创造性和实用性。

（2）授予专利权的外观设计，应当同申请日以前在国内外出版物上公开发表过或者国内公开使用过的外观设计不相同和不相近似，并不得与他人在先取得的合法权利相冲突。除了新颖性外，外观设计还应当具备富有美感和适于工业应用两个条件。

四、专利权的期限

发明专利权的期限为 20 年，实用新型专利权和外观设计专利权的期限为 10 年，均自申请日起计算。国务院专利行政主管部门收到专利申请文件之日为申请日。如果申请文件是邮寄的，以寄出的邮戳日为申请日。

五、专利权的授予

发明专利申请经实质审查没有发现驳回理由的，由国务院专利行政主管部门作出授予发明专利权的决定，发给发明专利证书，同时予以登记和公告。发明专利权自公告之日起生效。实用新型和外观设计专利申请经初步审查没有发现驳回理由的，由国务院专利行政主管部门做出授予实用新型专利权或者外观设计专利权的决定，发给相应的专利证书，同时予以登记和公告。实用新型专利权和外观设计专利权自公告之日起生效。

▶ 考点 3　商标权

一、商标专用权

商标专用权是指企业、事业单位和个体工商业者对其注册的商标依法享有的专用权。包括使用权和禁止权两个方面。

使用权是商标注册人对其注册商标充分支配和完全使用的权利，权利人也有权将商标使用权转让给他人或通过合同许可他人使用其注册商标。

禁止权是商标注册人禁止他人未经其许可而使用注册商标的权利。

未经核准注册的商标不受商标法保护。

二、商标的核准注册

对初审公告的商标，在规定的异议期间内没有异议，或者经裁定异议不能成立的，予以核准注册，发给商标注册证，并予以公告。

三、注册商标的续展

注册商标的有效期为 10 年，自核准注册之日起计算。注册商标有效期满，需要继续使用的，应当在期满前 12 个月内申请续展注册；在此期间未能提出申请的，可以给予 6 个月的宽展期。宽展期满仍未提出申请的，注销其注册商标。每次续展注册的有效期为 10 年。

▶ 考点 4　著作权

一、著作权的概念

著作权，是指作者及其他著作权人依法对文学、艺术和科学作品所享有的专有权。

二、建设工程活动中常见的著作权作品

（1）文字作品；

（2）建筑作品；

（3）图形作品。

三、著作权主体（表 1-6-1）

著作权的主体是指从事文学、艺术、科学等领域创作出作品的作者及其他享有著作权的公民、法人或者其他组织。

著作权主体　　　　　　　　　　　　　　　　　　　　　　　　　　　　表 1-6-1

种类		举例	作者	著作权主体
单位作品		招标文件、投标文件	单位	单位
职务作品	一般职务作品	（1）主要利用了单位的物质技术条件；（2）由单位承担责任的，是第二类职务作品（如产品设计图）	职工	归作者（单位优先使用）
	特殊职务作品			作者有署名权，单位有其他权利
委托作品		勘察、设计文件	受托人	按约定（未约定归受托人）

四、著作权的保护期

（1）作者的署名权、修改权、保护作品完整权的保护期不受限制。

（2）公民的作品，其发表权、使用权和获得报酬权的保护期，为作者终生及其死后 50 年。如果是合作作品，截止于最后死亡的作者死亡后第 50 年的 12 月 31 日。

（3）法人或者其他组织的作品、著作权（署名权除外）由法人或者其他组织享有的职务作品，其发表权、使用权和获得报酬权的保护期为 50 年，截止于作品首次发表后第 50 年的 12 月 31 日，但作品自创作完成后 50 年内未发表的，不再受著作权法保护。

五、计算机软件的法律保护

（一）计算机软件的概念

计算机软件，是指计算机程序及其有关文档。

（二）软件著作权的归属

（1）软件著作权属于**软件开发者**，《计算机软件保护条例》另有规定的除外。如无相反证明，在软件上署名的自然人、法人或者其他组织为开发者。

（2）由两个以上的自然人、法人或者其他组织合作开发的软件，其著作权的归属由合作开发者签订书面合同约定。

（3）接受他人委托开发的软件，其著作权的归属由委托人与受托人签订书面合同约定；无书面合同或者合同未作明确约定的，其著作权由**受托人**享有。

（三）计算机软件著作权的保护期限

自然人的软件著作权，保护期为自然人终生及其死亡后 50 年，截止于自然人死亡后第 50 年的 12 月 31 日；软件是合作开发的，截止于最后死亡的自然人死亡后第 50 年的 12 月 31 日。法人或者其他组织的软件著作权，保护期为 50 年，截止于软件首次发表后第 50 年的 12 月 31 日，但软件自开发完成之日起 50 年内未发表的，不再受到《计算机软件保护条例》的保护。

六、总结（表 1-6-2）

专利权、商标权、著作权保护期   表 1-6-2

种类	保护期起点		保护期限	是否可延期
专利权	发明	申请之日	20 年	不予延期
	外观设计		10 年	
	实用新型			
商标权	核准注册		10 年	可以续展
			续展期 12 个月（到期前），宽展期 6 个月（到期后）	
著作权	作品完成		自然人：作者终生及死后 50 年（12 月 31 日）单位：首次发表后 50 年（12 月 31 日）	不予延期

强化练习

1.［2020 年真题］关于知识产权法律特征的说法，正确的是（　　）。

A. 知识产权仅在法律规定的期限内受到法律保护

B. 知识产权仅具有财产权属性

C. 知识产权不具有绝对的排他性

D. 知识产权不受地域的限制

2.［2020 年真题］关于专利权期限的说法，正确的是（　　）。

A. 发明专利权和实用新型专利权的期限为 20 年

B. 外观设计专利权的期限为 10 年

C. 专利申请文件是邮寄的，以国务院专利行政主管部门收到之日为申请日

D. 专利权的有效期自授予之日起计算

3.［2019年真题］下列授予专利权的条件中，属于共性条件的是（　　）。

A. 创造性　　　　　B. 实用性　　　　　C. 新颖性　　　　　D. 艺术性

4.［2019年真题］某施工企业申请发明专利，于2018年5月26日以挂号信寄出申请文件，同年6月6日，国家专利局收到申请文件。根据施工企业的请求，国家专利局于同年10月8日将其申请予以公告。经过实质审查后，国家专利局于2019年4月10日作出授予施工企业发明专利权的决定，同时予以登记和公告。该施工企业的发明专利权自（　　）起生效。

A. 2018年5月6日　　　　　　　　　B. 2019年4月10日

C. 2018年6月6日　　　　　　　　　D. 2018年10月8日

5.［2018年真题］李某研发了一种混凝土添加剂，向国家专利局提出实用新型专利申请，2010年5月12日国家专利局收到李某的专利申请文件，经过审查，2013年8月16日国家专利局授予李某专利权。该专利权届满的期限是（　　）。

A. 2033年8月16日　　　　　　　　　B. 2030年5月12日

C. 2023年8月16日　　　　　　　　　D. 2020年5月12日

参考答案

1. A；2. B；3. C；4. B；5. D

第七节　建设工程担保制度

 学习指导

担保是建设工程中非常常见的一种活动，各参建单位常通过担保的方式获取资金。本节是第一章重中之重，考查频率非常高。主要讲解了五种常见的担保方式，分别为保证、抵押、质权、留置、定金。其中，保证内容最多，知识点也最零散，需要考生重点掌握。质权、留置相对来讲内容浪少，理解即可。

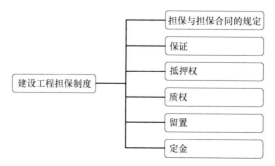

▶ 考点 1　担保与担保合同的规定

一、担保的概念

担保是指当事人根据法律规定或者双方约定，为促使债务人履行债务实现债权人权利的法律制度。

二、担保中当事人之间的关系（图1-7-1）

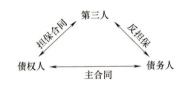

图1-7-1　担保中当事人之间的关系

（1）第三人为债务人向债权人提供担保时，可以要求债务人提供反担保。反担保适用《担保法》规定。

（2）担保合同具有从属性、不可分性。主合同无效，担保合同也无效。担保合同被确认无效后，债务人、担保人、债权人有过错的，应当根据过错各自承担相应的责任。

▶ 考点 2　保证

保证，是指保证人和债权人约定，当债务人不履行债务时，保证人按照约定履行债务或者承担责任的行为。具有代为清偿债务能力的法人、其他组织或者公民，可以作保证人。

一、保证合同当事人的关系（图1-7-2）

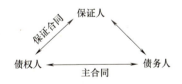

图1-7-2　保证合同当事人的关系

二、保证合同的规定

保证人与债权人可以就单个主合同分别订立保证合同，也可以协议在最高债权额限度内就一定期间连续发生的借款合同或者某项商品交易合同订立一个保证合同。

三、保证合同的内容

（1）被保证的主债权种类、数额；

（2）债务人履行债务的期限；

（3）保证的方式；

（4）保证担保的范围；

（5）保证的期间；

（6）双方认为需要约定的其他事项。保证合同不完全具备以上规定内容的，可以补正。

四、保证方式（图 1-7-3）

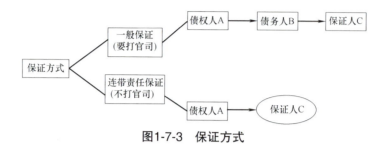

图1-7-3　保证方式

（一）一般保证

当事人在保证合同中约定，债务人不能履行债务时，由保证人承担保证责任的，为一般保证。在一般保证中，当债务履行期限届满，债务人不能履行债务，债权人首先要求债务人履行，等通过司法途径（打官司后强制执行），债务人仍然不能够履行完债务，债权人才可以要求保证人承担保证责任（要求保证人履行债务发生在保证期间）。

（二）连带责任保证

当事人在保证合同中约定保证人与债务人对债务承担连带责任的，为连带责任保证。连带责任保证的债务人在主合同规定的债务履行期届满没有履行债务的，债权人可以要求债务人履行债务，也可以要求保证人在其保证范围内承担保证责任（即不用通过司法途径，可以直接要求保证人承担责任）。

（三）约定不明

当事人对保证方式没有约定或者约定不明确的，按照连带责任保证承担保证责任。

五、保证人资格

具有代为清偿债务能力的法人、其他组织或者公民，可以作为保证人。但是，以下组织不能作为保证人：

（1）国家机关不得为保证人，但经国务院批准为使用外国政府或者国际经济组织贷款进行转贷的除外。

（2）学校、幼儿园、医院等以公益为目的的事业单位、社会团体不得为保证人。

（3）企业法人的分支机构、职能部门不得为保证人。企业法人的分支机构有法人书面授权的，可以在授权范围内提供保证。

任何单位和个人不得强令银行等金融机构或者企业为他人提供保证；银行等金融机构或者企业对强令其为他人提供保证的保证行为，有权拒绝。

六、保证责任

（一）保证担保的范围

保证担保的范围包括主债权及利息、违约金、损害赔偿金和实现债权的费用。保证合同另有约定的，按照约定。当事人对保证担保的范围没有约定或者约定不明确的，保证人应当对全部债务承担责任。

（二）保证合同变动（表 1-7-1）

保证合同的变动　　　　　　　　　　　　表 1-7-1

保证合同变动	对保证人的影响	结果处理
债权人依法转让主债权	对保证人无影响	保证人在原保证担保的范围内继续承担保证责任（即主债权转让无须保证人同意）
债权人许可债务人转让债务	对保证人有影响	需保证人书面同意，未经保证人同意，保证人不再承担保证责任
债权人与债务人协议变更主合同	对保证人有影响	需保证人书面同意，未经保证人同意，保证人不再承担保证责任，合同另有约定除外

（三）保证期间

（1）一般保证：一般保证的保证人未约定保证期间的，保证期间为主债务履行期届满之日起 6 个月。

（2）连带责任保证：连带责任保证的保证人与债权人未约定保证期间的，债权人有权自主债务履行期届满之日起 6 个月内要求保证人承担保证责任。

七、保证总结（表 1-7-2）

保证的规定　　　　　　　　　　　　表 1-7-2

关于保证		具体内容
保证合同		债权人与保证人签订，是主合同的从合同
保证人资格		国家机关不行、医院学校不行、分支机构不行
	有约定	无约定或约定不明
保证方式		按连带（分为一般和连带）
保证期间		主债务履行期限届满之日起 6 个月内
保证范围	按约定	主债权及利息、违约金、损害赔偿金和实现债权的费用
		债权人转让主债权，保证人原范围保证
保证责任		债权人许可债务人转让债务
		主合同变更

（右侧）要保证人书面同意

考点 3　抵押权

一、抵押权的概念

抵押是指债务人或者第三人不转移对财产的占有，将该财产作为债权的担保。债务人不履行债务时，债权人有权依照法律规定以该财产折价或者以拍卖、变卖该财产的价款优先受偿。其中，债务人或者第三人称为抵押人，债权人称为抵押权人。

二、抵押物（表 1-7-3、表 1-7-4）

债务人或者第三人提供担保的财产为抵押物。

抵押物（一）　　　　　　　　　　　　　　　　　　表 1-7-3

可以抵押的财产＝可以买卖	不得抵押的财产＝不得买卖
（1）建筑物和其他土地附着物； （2）建设用地使用权； （3）以招标、拍卖、公开协商等方式取得的荒地等土地承包经营权； （4）生产设备、原材料、半成品、产品； （5）正在建造的建筑物、船舶、航空器； （6）交通运输工具； （7）法律、行政法规未禁止抵押的其他财产	（1）土地所有权； （2）耕地、宅基地、自留地、自留山等集体所有的土地使用权； （3）学校、幼儿园、医院等以公益为目的的事业单位、社会团体的教育设施、医疗卫生设施和其他社会公益设施； （4）所有权、使用权不明或者有争议的财产； （5）依法被查封、扣押、监管的财产； （6）依法不得抵押的其他财产

抵押物（二）　　　　　　　　　　　　　　　　　　表 1-7-4

抵押权自登记时设立	抵押权自抵押合同生效时设立，未经登记，不得对抗善意第三人
（1）建筑物和其他土地附着物； （2）建设用地使用权； （3）以招标、拍卖、公开协商等方式取得的荒地等土地承包经营权； （4）正在建造的建筑物其他财产	（1）生产设备、原材料、半成品、产品； （2）交通运输工具； （3）正在建造的船舶、航空器

三、抵押的效力

（1）抵押担保的范围：主债权及利息、违约金、损害赔偿金和实现抵押权的费用。当事人也可自行在抵押合同约定。

（2）抵押期间，抵押人经抵押权人同意转让抵押财产的，应当将转让所得的价款向抵押权人提前清偿债务或者提存。

（3）转让的价款超过债权数额的部分归抵押人所有，不足部分由债务人清偿。抵押期间，抵押人未经抵押权人同意，不得转让抵押财产，但受让人代为清偿债务消灭抵押权的除外。

（4）抵押权与被担保的债权同时存在，不得与债权分离而单独转让。

四、抵押权的实现

同一财产向两个以上债权人抵押时，拍卖、变卖抵押物所得的价款的清偿顺序问题分为两种不同的情况：

（1）抵押权以登记生效的（不动产），按照抵押物登记的先后顺序清偿，顺序相同的，则各债权人按照各自债权比例分配抵押物价值。

例如：

在建工程：

    3月1日 抵押给甲 借100万元 未登记

    3月5日 抵押给乙 借200万元 3月9日登记

    3月6日 抵押给丙 借500万元 3月7日登记

结论：先清偿丙，再清偿乙，甲无优先受偿权（不动产抵押权不登记不生效）。

（2）抵押权自抵押合同签订之日起生效的（动产），按照合同生效顺序清偿，顺序相同的，按照债权比例清偿。抵押物已登记的先于未登记的受偿。

例如：

在建船舶：

    3月1日 抵押给甲 借100万元

    3月5日 抵押给乙 借200万元

    3月6日 抵押给丙 借500万元 3月7日登记

结论：先清偿丙，再清偿甲，再清偿乙。

▶ 考点 4　质权

一、质押的概念

质押是指债务人或者第三人将其动产或权利移交债权人占有，将该动产或权利作为债权的担保。债务人不履行债务时，债权人有权依照法律规定以该动产或权利折价或者以拍卖、变卖该动产或权利的价款优先受偿。债务人或者第三人为出质人，债权人为质权人，移交的动产或权利为质物。

二、质押的分类（表 1-7-5）

质押的分类   表 1-7-5

质押的分类	概念	内容
动产质押	债务人或者第三人将其动产移交债权人占有，将该动产作为债权的担保。能够用作质押的动产没有限制	举例：机动车、船舶、手机、笔记本电脑等
权利质押	一般是将权利凭证交付质押人的担保	（1）汇票、支票、本票、债券、存款单、仓单、提单； （2）依法可以转让的股份、股票； （3）依法可以转让的商标专用权、专利权、著作权中的财产权； （4）依法可以质押的其他权利

▶ 考点 5　留置

一、留置的概念

留置是指债权人按照合同约定占有债务人的动产，债务人不按照合同约定的期限履行债务的，债权人有权依照法律规定留置该财产，以该财产折价或者以拍卖、变卖该财产的价款优先受偿。

二、留置的范围

因保管合同、运输合同、加工承揽合同发生的债权，债务人不履行债务的，债权人有留置权。

三、留置物

当事人可以在合同中约定不得留置的物。留置权人负有妥善保管留置物的义务。因保管不善致使留置物灭失或者毁损的，留置权人应当承担民事责任。

举例：施工企业购买材料设备之后由保管人进行储存，存货人未按合同约定向保管人支付保管费时，保管人有权扣留足以清偿其所欠保管费的货物。保管人行使的权利是留置权。

▶ 考点 6　定金

一、定金的相关规定

（1）债务人履行债务后，定金应当抵作价款或者收回。

（2）给付定金一方不履行债务的，无权要求返还定金。

（3）收受定金一方不履行约定的债务的，应当双倍返还定金。

（4）定金应当以书面形式约定。当事人在定金合同中应当约定交付定金的期限。定金合同从实际交付定金之日起生效。

（5）定金的数额由当事人约定，但不得超过合同标的额的 20%（超过 20% 的部分不适用双倍返还）。

二、五种担保方式的总结（表 1-7-6、表 1-7-7）

五种担保方式对比　　　　　　　　　　　　表 1-7-6

分类	担保物		担保物来源	是否转移占有
保证	人提供担保（即保证人）		第三人	—
抵押	物的担保	不动产、动产	债务人、第三人	不转移占有
质押		动产、权利		转移占有（欠 A 扣 B）
留置		动产	债务人	转移占有（欠 A 扣 A）
定金	金钱担保			转移占有

（1）留置是法定的担保方式，其他四种都是约定产生的。

（2）保证人一定是债权人和债务人之外的第三人，抵押、质押和留置的东西，可以是债务人本人的，也可以是债务人以外的第三人的。

（3）抵押不转移占有，举例：房子抵押给银行，房子可以接着住，到期还不上银行钱，房子才可能被处分；质押转移占有但是欠A扣B，举例：张三欠李四1万元，可以协商质押张三的名牌手表或张三的高级笔记本电脑或张三的摩托车，双方协商一致质押的东西可以进行选择，扣B表示扣的东西可以选，东西质押后对方要拿走叫作转移占有；留置转移占有但是欠A扣A，举例：欠运费扣车上的货、欠加工费扣加工的物品，欠保管费扣保管的东西；欠什么扣什么，不能选，扣A表示扣的东西不能选。

担保物 表 1-7-7

担保方式	不动产	动产	权利（无形）
抵押权	√	√	—
质权	—	√	√
留置权	—	√	—

强化练习

1.〔2020年真题〕关于担保合同的说法，正确的是（　　）。

A. 保证合同的双方当事人是保证人与债权人

B. 第三人为债务人向债权人提供担保时，不得要求债务人提供反担保

C. 主合同的效力不影响担保合同的效力

D. 担保合同被确认无效后，担保人不承担民事责任

2.〔2020年真题〕关于定金的说法，正确的是（　　）。

A. 收受定金的一方不履行约定的债务的，应当原数额返还定金

B. 定金合同自合同订立之日起生效

C. 既约定违约金又约定定金的，一方违约时，对方可以选择适用违约金或者定金条款

D. 定金的数额由当事人约定，但不得超过主合同标的额的10%

3.〔2019年真题〕关于保证责任的说法，正确的是（　　）。

A. 当事人在保证合同中约定，债务人不能履行债务时，由保证人承担保证责任的，为连带责任保证

B. 当事人对保证方式没有约定或者约定不明确的，按照一般保证承担保证责任

C. 当事人对保证的范围没有约定，保证人应当对全部债务承担责任

D. 一般保证的保证人未约定保证期间的，保证期间为主债务履行期届满前6个月

4.〔2019年真题〕根据《担保法》，可以质押的财产是（　　）。

A. 耕地使用权　　　B. 建筑物　　　C. 生产设备　　　D. 土地所有权

5. [2019年真题] 甲施工企业与乙公司共同出资设立了丙公司，丁公司欠付丙一笔到期货款，丙与戊银行订立了一个借款合同，该借款合同由己公司作为担保人。借款到期后，丙无力偿还，戊可以要求（ ）承担还款责任。

A. 甲　　　　　　　　　　　　　　B. 乙

C. 丁　　　　　　　　　　　　　　D. 丙

E. 己

6. [2018年真题] 保证合同的当事人为（ ）。

A. 债权人与保证人　　　　　　　　B. 债权人与债务人

C. 债务人与保证人　　　　　　　　D. 保证人与被保证人

7. [2018年真题] 甲建设单位与乙设计院签订了设计合同，合同约定，设计费为200万元，定金为设计费的15%，甲已支付定金。如果乙在规定期限内不履行合同，应该返还给甲（ ）万元。

A.30　　　　　　B.40　　　　　　C.60　　　　　　D.70

8. [2018年真题] 关于可用于抵押和质押财产的说法，正确的有（ ）。

A. 不动产既可用于抵押，也可用于质押　B. 动产既可用于抵押，也可用于质押

C. 动产既可用于抵押，但不可用于质押　D. 不动产可用于抵押，但不可用于质押

E. 动产既可用于质押，但不可用于抵押

9. [2017年真题] 甲建设单位与乙施工单位签订了施工合同，由丙公司为甲出具工程款的支付担保，担保方式为一般保证。甲到期未能支付工程款，乙应当要求（ ）。

A. 丙先行代为清偿　　　　　　　　B. 甲和丙按比例支付

C. 甲先行支付　　　　　　　　　　D. 甲和丙协商支付

10. [2017年真题] 根据《担保法》，债务人不履行债务，债权人有留置权的是（ ）。

A. 施工合同　　B. 买卖合同　　C. 运输合同　　D. 租赁合同

11. [2017年真题] 根据《担保法》，下列主体可以作为保证人的有（ ）。

A. 某公司的职能部门　　　　　　　B. 某市人民法院

C. 某有限责任公司　　　　　　　　D. 自然人孙某

E. 某建筑大学

12. [2016年真题] 根据《物权法》，下列各项财产抵押的，抵押权自登记时设立的有（ ）。

A. 交通运输工具　　　　　　　　　B. 建筑物

C. 生产设备、原材料　　　　　　　D. 正在建造的船舶

E. 建设用地使用权

参考答案

1. A；2. C；3. C；4. C；5. D、E；6. A；7. C；8. B、D；9. C；10. C；11. C、D；12. B、E

第八节　建设工程保险制度

 学习指导

　　保险在生活中非常常见，建设工程中也常常涉及保险。本节首先介绍了保险是什么，然后结合建设工程，主要讲解了建设工程当中常见的几种保险和各自的范围、责任等。保险制度中一切险的内容在考试中考频较高，需要先学习。

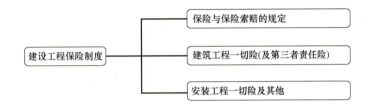

▶ **考点 1　保险与保险索赔的规定**

一、保险的概念

　　保险是指投保人根据合同约定，向保险人支付保险费，保险人对于合同约定的可能发生的事故因其发生所造成的财产损失承担赔偿保险金责任，或者当被保险人死亡、伤残、疾病或者达到合同约定的年龄、期限等条件时承担给付保险金责任的商业保险行为。

二、保险合同及保险当事人（图 1-8-1）

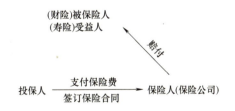

图1-8-1　保险合同及保险当事人

　　（一）保险合同

　　保险分为：财产保险和人身保险。

　　1.财产保险

　　（1）在合同有效期内，保险标的危险程度显著增加的，被保险人应当及时通知保险人，保险人可以按照合同约定增加保费或解除合同。

　　（2）建筑工程一切险、安装工程一切险、第三者责任险均属于财产保险。

2. 人身保险

（1）投保人于合同成立后，可以向保险人一次性支付全部保险费，也可以按照合同规定分期支付保险费。

（2）人身保险的受益人由被保险人或者投保人指定。

（3）人身保险包括人寿保险、伤害保险、健康保险三种。保险人对人寿保险的保险费，不得用诉讼方式要求投保人支付。

（4）意外伤害险属于人身保险。

（二）当事人

1. 投保人

与保险人订立保险合同，并按照合同约定负有支付保险费义务的人（即交保费的人）。

2. 保险人

与投保人订立保险合同，并按照合同约定承担赔偿或者给付保险金责任的保险公司。

3. 被保险人

（1）其财产或者人身受保险合同保障，享有保险金请求权的人（保谁，谁就是被保险人）。

（2）投保人可以为被保险人（即自己可以给自己投保）。

4. 受益人

人身保险合同中由被保险人或者投保人指定的享有保险金请求权的人。投保人、被保险人可以为受益人。

三、保险索赔

（一）投保人进行保险索赔须提供必要的有效的证明

保险事故发生后，依照保险合同请求保险人赔偿或者给付保险金时，投保人、被保险人或者受益人应当向保险人提供其所能提供的与确认保险事故的性质、原因、损失程度等有关的证明和资料。

（二）计算损失大小

如果一个建设工程项目同时由多家保险公司承保，则应当按照约定的比例分别向不同的保险公司提出索赔要求。

▶ 考点 2　建筑工程一切险（及第三者责任险）

一、建筑工程一切险的概念

建筑工程一切险是承保各类民用、工业和公用事业建筑工程项目，包括道路、桥梁、水坝、港口等，在建造过程中因自然灾害或意外事故而引起的一切损失的险种。

建筑工程一切险往往还加保第三者责任险。第三者责任险是指在保险有效期内因在施工工地上发生意外事故造成在施工工地及邻近地区的第三者人身伤亡或财产损失，依法应由被保险人承担的经济赔偿责任。

二、投保人与被保险人

（一）投保人

由发包人投保；发包人委托承包人投保的，保费由发包人承担。

（二）被保险人

具有可保利益的工程参与各方均可以作为被保险人，包括业主或工程所有人、承包商或者分包商、技术顾问等。

三、保险责任范围

（一）自然事件

地震、海啸、雷电、台风、暴雨、水灾等人力不可抗拒的破坏力强大的自然现象。

（二）意外事故

不可预料的且被保险人无法有效控制的突发事件，如火灾、爆炸。

四、除外责任

（1）必然发生的损失（如材料损耗、机械磨损、维修检修费用）不保。

（2）自燃、氧化、气温变化、正常水位变化等渐变原因，不属于自然灾害，不保。

（3）被保险人管理失误（如设计错误、施工方法不当、材料不合格、停电断电造成的）不属于意外事件，不保。

（4）战争、暴乱、恐袭、罢工等属于总除外责任，不保。

（5）开始建造前已存在的，结束建造后的（例如工程业主已经验收合格或实际接收的部分）不保。

五、保险期限（图1-8-2）

图1-8-2　保险期限

上述期限以先发生的为准，但在任何情况下，保险期限的起始或终止不得超出保单明细表中列明的保险生效日或终止日。

▶考点 3　安装工程一切险及其他

一、安装工程一切险

（一）安装工程一切险的概念

安装工程一切险是承保安装机器、设备、储油罐、钢结构工程、起重机、吊车以及包含机械工程因素的各种安装工程的险种。

（二）保险责任范围

具体内容与建筑工程一切险基本相同。

（三）除外责任

具体内容与建筑工程一切险基本相同。

（四）保险期限

具体内容与建筑工程一切险基本相同。

但安装工程一切险的保险期间一般应包括试车考核期。考核期的长短应根据工程合同上的规定来决定。对考核期的保险责任一般不超过3个月，若超过3个月，应另行加收费用。安装工程一切险对于旧机器设备不负考核期的保险责任，也不承担其维修期的保险责任。

二、工伤保险和建筑职工意外伤害险

建筑施工企业应当依法为职工参加工伤保险缴纳工伤保险费。鼓励企业为从事危险作业的职工办理意外伤害保险，支付保险费。

三、几种保险的对比总结（表1-8-1）

几种保险的对比　　　　　　　　　　　　　　　表1-8-1

保险种类	保险范围	保险期限
建设工程一切险	自然灾害或意外事故（火灾、爆炸）而引起的一起损失	起：工地动工，运抵工地 止：验收合格，实际占用。 先发生的为准
安装工程一切险	自然灾害或意外事故（火灾、爆炸）而引起的一起损失	起：工地动工，运抵工地 止：验收合格，实际占用。 先发生的为准 包括一个试车考核期
附带第三者责任险	工地上发生意外造成工地及邻近地区第三者伤亡或财产损失	—

强化练习

1.［2020年真题］下列损失和费用中，属于建筑工程一切险的保险责任范围的是（　　　）。

A. 爆炸造成的施工企业人员伤亡　　　　B. 设计错误引起的损失和费用

C. 自燃造成的保险财产自身的损失和费用　D. 维修保养的费用

2.［2020年真题］在财产保险合同有效期内，保险标的的危险程度显著增加的，被保人应当按照合同约定及时通知保险人，保险人可以按照合同约定提出的权利主张是（　　　）。

A. 减少保险费　　　　　　　　　　B. 增加保险费，但无权解除合同

C. 增加保险费或者解除合同　　　　　　　　D. 中止保险合同

3. ［2020 年真题］下列损失中，属于安装工程一切险的保险责任范围的是（　　）。

A. 因原材料缺陷引起的保险财产本身的损失

B. 火灾造成的损失

C. 由于超电压造成电气设备本身的损失

D. 施工用机具失灵造成的本身损失

4. ［2019 年真题］关于人身保险合同的说法，正确的是（　　）。

A. 人身保险合同只能由被保险人与保险人订立

B. 被保险人不能是受益人

C. 受益人可以由被保险人指定

D. 投保人不能是被保险人

5. ［2019 年真题］某建筑工程一切险由多家保险公司共同承保。损失发生后，被保险人分别向不同的保险公司提出赔偿要求的依据是（　　）。

A. 投保时间先后　　　　　　　　　　　　B. 投保金额大小

C. 协商结果　　　　　　　　　　　　　　D. 约定比例

6. ［2019 年真题］下列损失属于建筑工程一切险范围的是（　　）。

A. 设计错误引起的缺陷　　　　　　　　　B. 地震引起的损失

C. 工艺不善引起的保险财产本身的损失　　D. 非外力引起的机械装置本身的损失

7. ［2018 年真题］2014 年 2 月 1 日，某建设单位与某施工企业签订了施工合同，约定开工日期为 5 月 1 日。2 月 10 日该施工企业与保险公司签订了建筑工程一切险保险合同。为保证工期，施工企业于 4 月 20 日将建筑材料运至工地。后因设备原因，工程实际开工日期为 5 月 10 日。该建筑工程一切险的保险生效日为（　　）。

A. 2014 年 2 月 10 日　　　　　　　　　　B. 2014 年 4 月 20 日

C. 2014 年 5 月 1 日　　　　　　　　　　　D. 2014 年 5 月 10 日

8. ［2016 年真题］关于安装工程一切险保险期限的说法，正确的是（　　）。

A. 安装保险期限的起始或终止可以超出保险单明细表中列明的保险生效日或终止日

B. 安装工程一切险对旧机械设备不负考核期的保险责任，但须承担起维修期的保险责任

C. 安装工程一切险的保险期内一般应包括一个试车考核期，试车考核期的长短可以超出安装工程保险单明细表中列明的试车和考核期限

D. 安装工程一切险的保险责任自保险工程在土地动工或用于保险工程的材料、设备运抵工地之时起始

参考答案

1. A；2. C；3. B；4. C；5. D；6. B；7. B；8. D

第九节 建设工程税收制度

✎ **学习指导**

税收是政府为了满足社会公共需要，凭借其政治权力，按照法律规定，强制、无偿地取得财政收入的一种形式。税收制度这一小节包括建设工程中常见的十种税。其中，前四种，即企业所得税、个人所得税、企业增值税、环境保护税在考试中相对重要，需要重点学习；其他六种税在其他相关税这一考点，做一定了解即可。

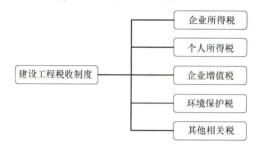

▶ **考点 1 企业所得税**

企业所得税是对我国境内的企业和其他取得收入的组织的生产经营所得和其他所得征收的所得税。

一、纳税人

中华人民共和国境内，企业和其他取得收入的组织（以下统称企业）为企业所得税的纳税人。

企业分为居民企业和非居民企业（表1-9-1）。

居民企业与非居民企业   表1-9-1

企业	范围
居民企业	（1）依法在中国境内成立； （2）或依外国法律成立但实际管理机构在中国境内
非居民企业	（1）依外国法律成立且实际管理机构不在中国境内，但在中国境内设立机构、场所的； （2）在中国境内未设立机构、场所，但有来源于中国境内所得的企业

二、征税对象（表1-9-2）

企业所得税的征税对象   表1-9-2

企业	征税对象
居民企业	来源于中国境内、境外的所得

续表

企业		征税对象
非居民企业	境内设立机构、场所	境内所得
		与境内机构、场所有实际联系的境外所得
	境内未设立机构、场所	境内所得

三、应纳税所得额

应纳税所得额＝企业每一纳税年度的收入总额－不征税收入－免税收入－各项扣除－允许弥补前年度亏损

（一）收入总额

企业以货币形式和非货币形式从各种来源取得的收入，为收入总额。包括：（1）销售货物收入；（2）提供劳务收入；（3）转让财产收入；（4）股息、红利等权益性投资收益；（5）利息收入；（6）租金收入；（7）特许权使用费收入；（8）接受捐赠收入；（9）其他收入。

（二）不征税收入

收入总额中的下列收入为不征税收入：（1）财政拨款；（2）依法收取并纳入财政管理的行政事业性收费、政府性基金；（3）国务院规定的其他不征税收入。

▶ 考点 2　个人所得税

一、纳税人（表1-9-3）

纳税人　　　　　　　　　　　　　　表1-9-3

纳税人		纳税范围	
居民个人	（1）境内有住所； （2）无住所而一个纳税年度在境内居住累计满183天	境内＋境外	所得
非居民个人	（1）境内无住所又不居住； （2）无住所而一个纳税年度内在境内居住累计不满183天	境内	

二、征税范围及税率（表1-9-4）

个人所得税的征税范围及税率　　　　　　　　　　表1-9-4

征税范围	税率	
（1）工资、薪金所得	居民个人：按纳税年度合并计算； 非居民个人：按月或者按次分项计算	3%~45%超额累进税率
（2）劳务报酬所得		
（3）稿酬所得		
（4）特许权使用费所得		

续表

征税范围	税率
（5）经营所得	5%~35%超额累进税率
（6）利息、股息、红利所得	比例税率：20%
（7）财产租赁所得	
（8）财产转让所得	
（9）偶然所得	

三、纳税扣缴和申报

个人所得税，以所得人为纳税人，以支付所得的单位或者个人为扣缴义务人。

有下列情形之一的，纳税人应当依法办理纳税申报：

（1）取得综合所得需要办理汇算清缴；

（2）取得应税所得没有扣缴义务人；

（3）取得应税所得，扣缴义务人未扣缴税款；

（4）取得境外所得；

（5）因移居境外注销中国户籍；

（6）非居民个人在中国境内从两处以上取得工资、薪金所得；

（7）国务院规定的其他情形。

▶ 考点 3　企业增值税

一、纳税人

中华人民共和国境内销售货物或者加工、修理修配劳务（以下简称劳务），销售服务、无形资产、不动产以及进口货物的单位和个人，为增值税的纳税人。

二、应纳税额计算

（1）纳税人兼营不同税率项目，应当分别核算销售额，未分别核算的，从高适用税率。

（2）应纳税额＝当期销项税额－当期进项税额，销项不足抵扣进项时，不足部分结转下期继续抵扣。

（3）小规模纳税人发生应税销售行为，实行按照销售额和征收率计算应纳税额的简易方法，并不得抵扣进项税额。

（4）属于下列情形之一的，不得开具增值税专用发票：①应税销售行为的购买方为消费者个人的；②发生应税销售行为适用免税规定的。

（5）建筑工程总承包单位为房屋建筑的地基与基础、主体结构提供工程服务，建设单位自行采购全部或部分钢材、混凝土、砌体材料、预制构件的，适用简易计税方法计税。

（6）纳税人提供建筑服务取得预收款，应在收到预收款时，以取得的预收款扣除支付的分包款后的余额，按照《关于建筑服务等营改增试点政策的通知》（财税 [2017]58 号）规定的预征率预缴增值税。

（7）按照现行规定应在建筑服务发生地预缴增值税的项目，纳税人收到预收款时在建筑服务发生地预缴增值税。按照现行规定无需在建筑服务发生地预缴增值税的项目，纳税人收到预收款时在机构所在地预缴增值税。

（8）适用一般计税方法计税的项目预征率为 2%，适用简易计税方法计税的项目预征率为 3%。

三、销项税额的抵扣（表 1-9-5）

销项税额的抵扣　　　　　　　　　　　　　　　　　表 1-9-5

准予抵扣	不得抵扣
（1）从销售方取得的增值税专用发票上注明的增值税额； （2）从海关取得的海关进口增值税专用缴款书上注明的增值税额； （3）购进农产品，除取得增值税专用发票或者海关进口增值税专用缴款书外，按照农产品收购发票或者销售发票上注明的农产品买价和 11% 的扣除率计算的进项税额，国务院另有规定的除外； （4）自境外单位或者个人购进劳务、服务、无形资产或者境内的不动产，从税务机关或者扣缴义务人取得的代扣代缴税款的完税凭证上注明的增值税额	（1）用于简易计税方法计税项目、免征增值税项目、集体福利或者个人消费的购进货物、劳务、服务、无形资产和不动产； （2）非正常损失的购进货物，以及相关的劳务和交通运输服务； （3）非正常损失的在产品、产成品所耗用的购进货物（不包括固定资产）、劳务和交通运输服务； （4）国务院规定的其他项目

▶ 考点 4　环境保护税

一、纳税人

在中华人民共和国领域和中华人民共和国管辖的其他海域，直接向环境排放应税污染物的企业事业单位和其他生产经营者为环境保护税的纳税人。

二、计税依据和应纳税额（表 1-9-6）

计税依据和应纳税额　　　　　　　　　　　　　　　表 1-9-6

污染种类	计税依据	应纳税额
大气污染物	污染物排放量折合的污染当量	计税依据 × 具体适用税额
水污染物		
固体废物	排放量	
噪声	超过国家规定标准的分贝数	

▶ **考点 5　其他相关税**

一、纳税人（表 1-9-7）

纳税人　　　　　　　　　　　　　　　　　　　　　　　表 1-9-7

税种	纳税义务人
城市维护建设税	凡缴纳消费税、增值税、营业税的单位和个人
教育费附加	
城镇土地使用税	在城市、县城、建制镇、工矿区范围内使用土地的单位和个人
房产税	产权所有人、经营管理单位、承典人、房产代管人或者使用人
车船税	《车船税税目税额表》规定的车辆、船舶的所有人或者管理人
印花税	在中华人民共和国境内书立、领受《中华人民共和国印花税暂行条例》所列举凭证的单位和个人

二、城市维护建设税

凡缴纳消费税、增值税、营业税的单位和个人，都是城市维护建设税的纳税义务人。

城市维护建设税，以纳税人实际缴纳的消费税、增值税、营业税税额为计税依据，分别与消费税、增值税、营业税同时缴纳。城市维护建设税税率如下：纳税人所在地在市区的，税率为7%；纳税人所在地在县城、镇的，税率为5%；纳税人所在地不在市区、县城或镇的，税率为1%。

三、印花税的纳税凭证

下列凭证为应纳税凭证：

（1）购销、加工承揽、建设工程承包、财产租赁、货物运输、仓储保管、借款、财产保险、技术合同或者具有合同性质的凭证；

（2）产权转移书据；

（3）营业账簿；

（4）权利、许可证照；

（5）经财政部确定征税的其他凭证。

四、车辆购置税

车辆购置税实行一次性征收。购置已征车辆购置税的车辆，不再征收车辆购置税。车辆购置税的税率为10%。

下列车辆免征车辆购置税：

（1）依照法律规定应当予以免税的外国驻华使馆、领事馆和国际组织驻华机构及其有关人员自用的车辆；

（2）中国人民解放军和中国人民武装警察部队列入装备订货计划的车辆；

（3）悬挂应急救援专用号牌的国家综合性消防救援车辆；

（4）设有固定装置的非运输专用作业车辆；

（5）城市公交企业购置的公共汽电车辆。

强化练习

1. [2020年真题] 根据《企业所得税法》，下列收入中，应当征收企业所得税的是（　　）。

A. 利息收入

B. 依法收取并纳入财政管理的政府性基金

C. 依法收取并纳入财政管理的行政事业性收费

D. 财政拨款

2. [2020年真题] 关于增值税应纳税额计算的说法，正确的是（　　）。

A. 纳税人兼营不同税率的项目，应当分别核算不同税率项目的销售额；未分别核算销售额的，从低适用税率

B. 小规模纳税人发生应税销售行为，实行按照销售额和征收率计算应纳税额的简易办法，可以抵扣进项税额

C. 当期销项税额小于当期进项税额不足抵扣时，其不足部分不再结转下期继续抵扣

D. 纳税人销售货物、劳务、服务、无形资产、不动产，应纳税额为当期销项税额抵扣当期进项税额后的余额

3. [2020年真题] 关于城市维护建设税的说法，正确的是（　　）。

A. 城市维护建设税，以纳税人应当缴纳的消费税、增值税、营业税税额为计税依据

B. 城市维护建设税，与消费税、增值税、营业税分别缴纳

C. 城市维护建设税税率统一为5%

D. 凡纳消费税、增值税、营业税的单位，都是城市维护建设税的纳税义务人

4. [2020年真题] 下列情形中，属于居民个人所得税纳税人应当办理纳税申报的有（　　）。

A. 在中国境内从两处以上取得工资、薪金所得

B. 取得应税所得没有扣缴义务人

C. 因移居境外注销中国户籍

D. 年所得12万元以上的

E. 取得境外所得

5. [2020年真题] 下列车船中，属于免征车船税范围的有（　　）。

A. 悬挂应急救援专用号牌的国家综合性消防救援专用船舶

B. 渣土运输车辆

C. 警用车船

D. 排气量为2000毫升以下的乘用车

E. 政府机关所有的乘用车

6. [2019年真题] 某施工企业技术员王某，2019年6月份的财产租赁所得为10000元，国债利息收入为3000元，股息所得为2000元，保险赔偿5000元。王某6月份的以上所得应当缴纳的个人所得税为（　　）元。

A. 3000　　　　　B. 3400　　　　　C. 2400　　　　　D. 4000

7. [2019 年真题] 根据《关于建筑服务等营改增试点政策的通知》，纳税人提供建筑服务取得预收款，应在收到预收款时，以取得的预收款扣除支付的分包款后的余额，以规定的预征率预缴增值税。适用一般计税方法计税的项目预征率为（　　）。

A. 1%　　　　　　B. 3%　　　　　　C. 5%　　　　　　D. 2%

8. [2019 年真题] 根据《企业所得税法》，属于企业所得税不征税收入的是（　　）。

A. 依法收取并纳入财政管理的政府性基金

B. 特许权使用费收入

C. 接受捐赠收入

D. 财政拨款

E. 股息红利等权益性投资收益

9. [2019 年真题] 根据《环境保护税法》，环境保护税的计税依据有（　　）。

A. 排放量　　　　　　　　　　B. 个数

C. 污染当量数　　　　　　　　D. 超标分贝数

E. 立方米数

10. [2018 年真题] 根据《企业所得税法》下列纳税人中，属于企业所得税纳税人的是（　　）。

A. 私营企业　　　B. 个体工商户　　　C. 个人独资企业　　　D. 合伙企业

11. [2018 年真题] 企业收入总额中，不征收企业所得税的收入是（　　）。

A. 利息收入　　　　B. 接收捐款收入　　　C. 财政拨款　　　D. 租金收入

12. [2018 年真题] 关于增值税应纳税额计算的说法，正确的有（　　）。

A. 纳税人兼营不同税率的项目，未分别核算销售额的，从低适用税率

B. 当期销项税额小于当期进项税额不足抵扣时，其不足部分可以结转下期继续抵扣

C. 应税销售行为的购买方为消费者个人的，可以开具增值税专用发票

D. 当期销项税额抵扣当期进项税额后的余额是应纳税额

E. 应纳销售行为适用于免税规定的，不得开具增值税专用发票

13. [2018 年真题] 下列凭证中，属于印花税应纳税凭证的有（　　）。

A. 产权转移证书　　　　　　　　B. 营业账簿

C. 权利、许可证照　　　　　　　D. 财产所有人将财产赠给学校所立的书据

E. 已缴纳印花税凭证的副本

参考答案

1. A；2. D；3. D；4. B、C、E；5. A、C；6. C；7. D；8. A、D；9. A、C、D；10. A；
11. C；12. B、D、E；13. A、B、C

第十节　建设工程法律责任制度

学习指导

　　法律责任是指行为人由于违法行为、违约行为或者由于法律规定而应承受的某种不利的法律后果。本节主要围绕建设工程中法律责任的承担来展开，分别介绍了民事责任、行政责任和刑事责任。同时，还简单介绍了建设工程中常见的几种犯罪。考生在学习中需要重点学习几种法律责任具体情形的区分，以及常见犯罪的具体表现形式。

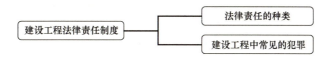

▶ 考点 1　法律责任的种类

一、建设工程民事责任的种类及承担方式（图1-10-1）

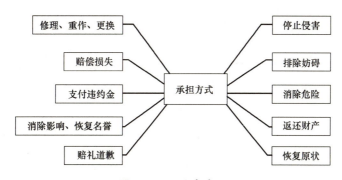

图1-10-1　民事责任

　　以上承担民事责任的方式，可以单独适用，也可以合并适用。

二、建设工程行政责任的种类及承担方式（表1-10-1）

行政责任　　　　　　　　　　　　　　　　　　　　　表 1-10-1

行政责任	承担方式
行政处罚（官罚民）	（1）警告；（2）罚款；（3）没收违法所得，没收非法财物；（4）责令停产停业；（5）暂扣或者吊销许可证，暂扣或者吊销执照；（6）行政拘留；（7）其他
	工程领域常见的还有：责令限期改正、责令停业整顿、取消一定期限内参加依法必须进行招标的项目的投标资格，责令停止施工、降低资质等级、吊销资质证书（同时吊销营业执照）、责令停止执业、吊销执业资格证书或其他许可证等
行政处分（官罚官）	（1）警告；（2）记过；（3）记大过；（4）降级；（5）撤职；（6）开除

三、建设工程刑事责任的种类及承担方式（表1-10-2）

刑事责任　　　　　　　　　　　表1-10-2

刑事责任	承担方式
主刑	（1）管制；（2）拘役；（3）有期徒刑；（4）无期徒刑；（5）死刑
附加刑	（1）罚金；（2）剥夺政治权利；（3）没收财产；（4）驱逐出境

四、行政责任和刑事责任承担方式的区分（表1-10-3）

行政责任和刑事责任承担方式的区分　　　　表1-10-3

	行政处罚	刑事责任
承担方式	罚款	罚金
	没收违法所得、没收非法财物	没收财产
	行政拘留	拘役

▶ 考点 2　建设工程中常见的犯罪

在建设工程领域，常见的刑事法律责任（表1-10-4）。

建设工程中常见的犯罪　　　　　　　表1-10-4

罪名	犯罪主体	内容
工程重大安全事故罪	建设、设计、施工、监理单位	违反国家规定，降低工程质量标准，造成重大安全事故
重大责任事故罪	自然人犯罪	在生产、作业中违反有关安全管理规定（违章操作或违章指挥、强令冒险），造成重大伤亡或其他严重后果
重大劳动安全事故罪	单位犯罪（处罚直接责任人员和直接主管人员）	安全生产设施或安全生产条件不符合国家规定，造成重大伤亡或其他严重后果
串通投标罪	投标单位之间	相互串通投标报价，损害投标人或者其他投标人利益
	投标单位与招标单位	串通投标，损害国家、集体、公民的合法权益

【提示】工程中常见的四种犯罪，其中串通投标罪非常好辨析，其他的三种记忆方法如下：常见的几种犯罪分为"一个工程两个重大"，题干出现关键字"工程质量"，选工程重大安全事故罪；题干出现人为原因的"违章指挥"，选重大里的责任，也就是重大责任事故罪；题干出现关键字"安全设施/安全条件"，选重大里的安全，即重大劳动安全事故罪。

▎强化练习 ┈┈┈

1.［2020年真题］下列法律责任的承担方式中，属于行政处分的是（　　　）。

A. 降级　　　　　　　　　　　　B. 罚款

C. 责令停产停业　　　　　　　　D. 取消投标资格

2. [2020 年真题] 刑罚中附加刑的种类有（　　）。

A. 罚款　　　　　　　　　　　　B. 管制

C. 拘役　　　　　　　　　　　　D. 剥夺政治权利

E. 没收财产

3. [2019 年真题] 关于建设工程刑事责任的说法，正确的是（　　）。

A. 刑事责任是法律责任中最严重的一种，不包括没收财产

B. 造成直接经济损失 50 万元，应当追究刑事责任

C. 强令他人违章冒险作业，造成重大伤亡事故的，应当承担刑事责任

D. 投标人相互串通投标报价，损害招标人利益的，应当单处罚金

4. [2018 年真题] 下列法律责任中，属于民事责任承担方式的是（　　）。

A. 警告　　　　　　　　　　　　B. 吊销许可证

C. 责令停产停业　　　　　　　　D. 停止侵害

5. [2018 年真题] 下列行政责任的承担方式中，属于行政处分的有（　　）。

A. 警告　　　　　　　　　　　　B. 记过

C. 降级　　　　　　　　　　　　D. 撤职

E. 罚款

6. [2016 年真题] 某地建设行政主管部门检查某施工企业的施工工地，发现该施工企业没有按照施工现场管理规定设置围挡，依法责令其停止施工。该建设行政主管部门对该施工企业采取的行政行为属于（　　）。

A. 行政处罚　　　　　　　　　　B. 行政裁决

C. 行政处分　　　　　　　　　　D. 行政强制

7. [2016 年真题] 在施工过程中，某施工企业的安全生产条件不符合国家规定，致使多人重伤，死亡。该施工企业的行为构成（　　）。

A. 重大责任事故罪　　　　　　　B. 强令违章冒险作业罪

C. 重大劳动安全事故罪　　　　　D. 工程重大安全事故罪

8. [2016 年真题] 下列责任种类中，属于行政处罚的有（　　）。

A. 警告　　　　　　　　　　　　B. 行政拘留

C. 罚金　　　　　　　　　　　　D. 排除妨碍

E. 没收财产

参考答案 ···

1. A；2. D、E；3. C；4. D；5. A、B、C、D；6. A；7. C；8. A、B

第二章

施工许可法律制度

▍本章近三年考情

本章近三年考试真题分值统计			(单位：分)
年份 节	2018 年	2019 年	2020 年
第一节　建设工程施工许可制度	4	4	3
第二节　施工企业从业资格制度	3	3	
第三节　建造师注册执业制度	2	2	4

第一节　建设工程施工许可制度

 学习指导

　　施工活动专业性强，危险性大，因此施工项目是否符合开工条件的审查非常重要。本节主要介绍了两种开工制度：施工许可证和开工报告。其中，施工许可证是重点。本节围绕施工许可证，介绍了适用范围、法定批准条件、有效期、延期等知识点，考生在学习中，应以施工许可证为主进行学习，在学习施工许可证有效期时适当和开工报告作对比。

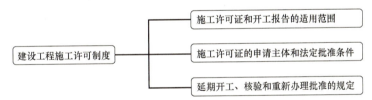

▶ 考点 1　施工许可证和开工报告的适用范围

一、不需要办理施工许可证的建设工程（表 2-1-1）

不需要办理施工许可证的建设工程　　　　　　　　　　　　表 2-1-1

不适用建筑法	抢险救灾工程	不适用建筑法，开工自然不需要经过行政机关审批
	临时建筑	
	农民自建低层住宅	
适用建筑法但不领取施工许可证	限额以下的小型工程	工程投资额 30 万元以下或者建筑面积 300m² 以下的建筑工程
	不重复办理施工许可证	实行开工报告批准制度的建设工程：由国务院另行规定其范围、权限、程序
	军用房屋建筑	是否实行施工许可由国务院和中央军委另行商定

二、实行开工报告制度的建设工程

国务院规定应当审批开工报告的重大政府投资项目，按照规定办理开工报告审批手续后方可开工建设。

三、两个开工报告的区别（表2-1-2）

开工报告的区别　　　　　　　　　　　　　　　　　表2-1-2

	开工报告（建设单位→政府部门）	开工报告（施工→监理）
性质	政府主管部门的行政许可	监理单位对施工单位开工准备工作的认可
主体	建设单位向政府主管部门申报	施工单位向监理单位提出
内容	建设单位应具备的开工条件	施工单位应具备的开工条件

▶ 考点 2　施工许可证的申请主体和法定批准条件

一、施工许可证的申请主体

建设单位应当按照国家有关规定向工程所在地县级以上人民政府建设行政主管部门申请领取施工许可证。

二、施工许可证的法定批准条件

（一）依法应当办理用地批准手续的，已经办理该建筑工程用地批准手续

经批准的建设项目需要使用国有建设用地的，建设单位应当持法律、行政法规规定的有关文件，向有批准权的县级以上人民政府土地行政主管部门提出建设用地申请，经土地行政主管部门审查，报本级人民政府批准。

（二）在城市、镇规划区的建筑工程，已经取得规划许可证

1. 乡、村庄规划区内

在乡、村庄规划区内进行乡镇企业、乡村公共设施和公益事业建设的，须核发乡村建设规划许可证。

2. 城市、镇规划区内

（1）建设用地规划许可证

划拨土地：建设用地规划许可证→划拨土地→规划审查建设工程规划许可证（先领证后拿地）。

出让土地：签订出让合同→建设用地规划许可证→规划审查→建设工程规划许可证（先拿地后领证）。

（2）建设工程规划类许可证

（三）施工场地已经基本具备施工条件，需要征收房屋的，其进度符合施工要求

（四）已经确定建筑施工企业

按照规定应该招标的工程没有招标，应该公开招标的工程没有公开招标，或者肢解发包

工程，以及将工程发包给不具备相应资质条件的，所确定的施工企业无效。

（五）有满足施工需要的施工图纸及技术资料，施工图设计文件已按规定进行了审查

施工图纸是工程建设最根本的技术文件，因此，在开工前必须有满足施工需要的施工图纸。

（六）有保证工程质量和安全的具体措施

建设单位在开工前，应当按照国家有关规定办理工程质量监督手续，工程质量监督手续可以与施工许可证或开工报告合并办理。

（七）建设资金已经落实，建设单位应当提供建设资金已经落实承诺书。

（八）法律、行政法规规定的其他条件。

▶ 考点 3　延期开工、核验和重新办理批准的规定

施工许可证和开工报告的对比（表 2-1-3）。

施工许可证与开工报告的对比　　　　表 2-1-3

	施工许可证		开工报告
管理机关	县级以上建设行政主管部门		按国务院规定的权限和程序
适用范围	见表 2-1-1		
开工期限	领证后 3 个月内		获批后 6 个月内
不能按期开工	申请延期，延期以两次为限，每次不超过 3 个月。既不开工又不申请延期或者超过延期时限的，施工许可证自行废止		（不予延期）及时向批准机关报告→不能按期开工超过 6 个月→重新办理
开工后在建项目停工	建设单位应当自中止施工之日起 1 个月内，向发证机关报告，做好维护工作	<1 年，报告后即可复工	（无核验程序）及时向批准机关报告
		≥1 年，核验后方可复工	

强化练习

1. ［2020 年真题］根据《建筑工程施工许可管理办法》，下列建设工程开工前，建设单位应当申请领取施工许可证的是（　　）。

A. 投资额为 25 万元的公共厕所

B. 建筑面积为 325m² 的公园管理用房

C. 建筑面积为 600m² 的地铁施工临时办公室

D. 农民自建低层住宅

2. ［2019 年真题］根据《建筑法》，属于申请领取施工许可证法定条件的是（　　）。

A. 项目复杂，施工难度大的，已经投保建筑工程一切险

B. 需要拆迁的，拆迁工作已完成

C. 按照规定应当委托监理的工程，已委托监理

D. 已经确定建筑施工企业

3. [2019年真题] 关于核验施工许可证的说法，正确的是（　　）。

A. 中止施工经核验符合条件期间，由建设单位做好建设工程的维护管理工作

B. 在建的建筑工程因故中止施工的，施工企业应当自中止之日起3个月内报发证机关核验

C. 中止施工满6个月的，在建筑工程恢复施工前，应当报发证机关核验施工许可证

D. 经核验不符合条件的，不允许其恢复施工，待条件具备后再申请核验

4. [2019年真题] 根据《建筑工程施工许可管理办法》，下列建设工程中，不需要办理施工许可证的有（　　）。

A. 抢险救灾及其他临时性房屋建筑

B. 农民自建低层住宅

C. 按照国务院规定的权限和程序批准开工报告的建筑工程

D. 工程投资额在50万元以下的建筑工程

E. 建筑面积在500m^{2}以下的建筑工程

5. [2018年真题] 2018年1月15日，某建设单位为其工程领取了施工许可证，因未能按期开工，建设单位于2018年3月10日、5月10日两次向发证机关报告了工程准备的进展情况，直到2018年7月1日开工建设。关于该工程施工许可证的说法，正确的有（　　）。

A. 该工程施工许可证自行废止

B. 延期开工未超过6个月，施工许可证继续有效

C. 应当在2018年4月15日前申请延期

D. 不能按时开工，应当在1个月内报告

E. 2018年7月1日开工之前，需要重新申领施工许可证

6. [2017年真题] 关于施工许可制度的说法中，正确的是（　　）。

A. 中止施工满1年经核验不符合条件的，应当收回其施工许可证

B. 领取施工许可证后因故不能按期竣工超过6个月的，施工许可证自行废止

C. 因故中止施工，恢复施工后1个月内应向发证机关报告

D. 批准开工报告的工程因故中止施工的，应当重新办理批准手续

7. [2016年真题] 建设单位领取施工许可后，因故不能按期开工又不申请延期或者超过延期时限的，关于其后果的说法，正确的是（　　）。

A. 发证机关核验施工许可证　　　　　B. 发证机关收回施工许可证

C. 施工企业重新办理施工许可证　　　D. 施工许可证自行废止

8. 下列选项中，违反施工许可证制度的是（　　）。

A. 某临时建筑未申请领取施工许可证即开工

B. 某工程因洪水中止施工，半年后向发证机关作了报告

C. 某工程因故不能开工，第三个月向发证机关申请延期开工

D. 某工程因宏观调控停建 1 年多，恢复施工前报发证机关核验施工许可证

参考答案

1. B；2. D；3. A；4. A、B、C；5. A、C、E；6. A；7. D；8. B

第二节　施工企业从业资格制度

 学习指导

工程建设活动专业性强，技术含量高，其从业单位水平的高低直接影响工程的安全及质量，因此资质的要求尤为重要。本节主要围绕企业的资质来展开，介绍了资质申请的条件、资质序列、资质证书的申请、延续、变更等一系列内容。虽然内容冗繁，但在考试中占比极低，考生需对本节内容当中涉及数字的部分精确记忆。

考点 1　企业资质的法定条件、序列、申请、延续和变更

一、资质条件

企业取得相应资质应当具备以下条件：

（一）有符合规定的净资产

（1）净资产是属于企业所有并可以自由支配的资产，即所有者权益。

（2）以企业申请资质前一年度或当期合法的财务报表中净资产指标为准考核

（二）有符合规定的主要人员

取消建筑业企业最低等级资质标准中关于持有岗位证书现场管理人员的指标考核。

（三）有符合规定的已完工程业绩

（四）有符合规定的技术装备

技术装备可以是自有，也可以通过租赁或融资租赁的方式取得。因此，目前企业资质标准对技术装备的要求并不多。

二、施工企业的资质序列

建筑业企业资质分为<u>施工总承包、专业承包、施工劳务</u>资质三个序列。

三、资质证书的申请、延续和变更

（一）资质证书的申请、延续、变更（表2-2-1）

企业资质的规定　　　　　　　　　　　　　　表2-2-1

企业资质		具体规定
申请	数量	可以申请一项或多项
	首次申请	应当申请最低等级资质
	增项申请	
	申请应当提交的材料	（1）建筑业企业资质申请表及相应的电子文档；（2）企业营业执照正副本复印件；（3）企业章程复印件；（4）企业资产证明文件复印件；（5）企业主要人员证明文件复印件；（6）企业资质标准要求的技术装备的相应证明文件复印件；（7）企业安全生产条件有关材料复印件；（8）按照国家有关规定应提交的其他材料
	有效期	5年
	延续	资质证证书有效期届满 3个月 前向原资质许可机关提出延续申请
		资质许可机关应当在建筑业企业资质证书有效期届满前做出是否准予延续的决定；逾期未做出决定的，视为准予延续
变更	办理程序	有效期内，企业名称、地址、注册资本、法定代表人变更，在工商部门办理变更手续后 1个月 内办理资质变更手续
	更换、遗失	资质许可机关在 2个工作日内办理完毕
	合并、分立、改制	需承继原资质的，应当申请重新核定资质

（二）不予批准企业资质升级申请和增项申请的规定

企业申请建筑业企业资质升级、资质增项，在申请之日起前 1年 至资质许可决定做出前，有下列情形之一的，资质许可机关不予批准其建筑业企业资质升级申请和增项申请：（1）超越本企业资质等级或以其他企业的名义承揽工程，或允许其他企业或个人以本企业的名义承揽工程的；（2）与建设单位或企业之间相互串通投标，或以行贿等不正当手段谋取中标的；（3）未取得施工许可证擅自施工的；（4）将承包的工程转包或违法分包的；（5）违反国家工程建设强制性标准施工的；（6）恶意拖欠分包企业工程款或者劳务人员工资的；（7）隐瞒或谎报、拖延报告工程质量安全事故，破坏事故现场、阻碍对事故调查的；（8）按照国家法律、法规和标准规定需要持证上岗的现场管理人员和技术工种作业人员未取得证书上岗的；（9）未依法履行工程质量保修义务或拖延履行保修义务的；（10）伪造、变造、倒卖、出租、出借或者以其他形式非法转让建筑业企业资质证书的；（11）发生过较大以上质量安全事故或者发生过两起以上一般质量安全事故的；（12）其他违反法律、法规的行为。

（三）企业资质证书的撤回、撤销和注销

1. 撤回（图2-2-1）

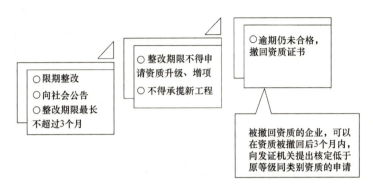

○限期整改
○向社会公告
○整改期限最长不超过3个月

○整改期限不得申请资质升级、增项
○不得承揽新工程

○逾期仍未合格，撤回资质证书

被撤回资质的企业，可以在资质被撤回后3个月内，向发证机关提出核定低于原等级同类别资质的申请

图2-2-1　企业资质证书的撤回

2. 撤销

有下列情形之一的，资质许可机关应当撤销建筑业企业资质：（1）资质许可机关工作人员滥用职权、玩忽职守准予资质许可的；（2）超越法定职权准予资质许可的；（3）违反法定程序准予资质许可的；（4）对不符合资质标准条件的申请企业准予资质许可的；（5）依法可以撤销资质许可的其他情形。

以欺骗、贿赂等不正当手段取得资质许可的，应当予以撤销。

3. 注销

有下列情形之一的，资质许可机关应当依法注销建筑业企业资质，并向社会公布其建筑业企业资质证书作废，企业应当及时将建筑业企业资质证书交回资质许可机关：（1）资质证书有效期届满，未依法申请延续的；（2）企业依法终止的；（3）资质证书依法被撤回、撤销或吊销的；（4）企业提出注销申请的；（5）法律、法规规定的应当注销建筑业企业资质的其他情形。

4. 总结

资质的撤回、撤销、吊销、注销的对比（表2-2-2）。

资质的撤回、撤销、吊销、注销的对比　　　　表2-2-2

结果	记忆方法
撤回	合法取得后，不再具备相应资质条件
撤销	原本不具备相应资质条件而非法取得
吊销	合法取得后，因违法而受到吊销处罚
注销	被撤回、撤销、吊销后，或有效期到期后未及时办理续期手续，或企业终止或主动提出，为确保证书失效而办理注销手续

▶ 考点 2　禁止违法使用资质的规定

一、禁止无资质承揽工程

承包建筑工程的单位应当持有依法取得的资质证书，并在其资质等级许可的业务范围内承揽工程。实际施工人与总承包人、发包人的关系（图 2-2-2）。

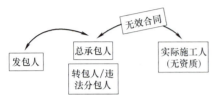

图2-2-2　实际施工人与总包、发包人的关系

无资质承包主体签订的专业分包合同或者劳务分包合同都是无效合同。但是，"实际施工人"的利益受到侵害时：实际施工人以发包人为被告主张权利的，人民法院应当追加转包人或者违法分包人为本案第三人，在查明发包人欠付转包人或者违法分包人建设工程价款的数额后，判决发包人在欠付建设工程价款范围内对实际施工人承担责任。

二、禁止越级承揽工程

（1）禁止施工单位超越本单位资质等级许可的业务范围承揽工程。

（2）联合共同承包：两人以上不同资质等级的单位（同一专业）实行联合共同承包的，应当按照资质等级低的单位的业务许可范围承揽工程。

（3）联合共同承包一般适用于大型或技术复杂的建设工程。

三、禁止以他企业或他企业以本企业名义承揽工程的规定

（1）《建筑法》规定，禁止建筑施工企业超越本企业资质等级许可的业务范围或者以任何形式用其他建筑施工企业的名义承揽工程。禁止建筑施工企业以任何形式允许其他单位或者个人使用本企业的资质证书、营业执照，以本企业的名义承揽工程。

（2）《房屋建筑和市政基础设施工程施工分包管理办法》规定，分包工程发包人没有将其承包的工程进行分包，在施工现场所设项目管理机构的项目负责人、技术负责人、项目核算负责人、质量管理人员、安全管理人员不是工程承包人本单位人员的，视同允许他人以本企业名义承揽工程。

强化练习

1. [2019 年真题] 关于建筑企业资质证书的申请和延续的说法，正确的有（　　　）。

A. 企业首次申请或增项申请资质，应当申请最低等级资质

B. 申请人以书面形式承诺符合审批条件的，行政审批机关根据申请人的承诺直接做出行政批准决定

C. 建筑业企业只能申请一项建筑业企业资质

D. 建筑业企业资质证书有效期届满前 6 个月，企业应向原资质许可机关提出延续申请

E. 企业按规定提出延续申请后，资质许可机关未在资质证书有效期届满前做出是否准予

延续决定的，视为准予延续

2. ［2018年真题］关于建筑业企业资质法定条件的说法，正确的有（　　　　）。

A. 有符合规定的净资产

B. 必须自行拥有一定数量的大中型机械设备

C. 企业净资产以企业申请资质前3年总资产的平均值为准考核

D. 除各类别最低等级资质外，取消关于注册建造师等人员的指标考核

E. 有符合规定的已完工程业绩

3. ［2017年真题］可以撤销建筑业企业资质的情形是（　　　　）。

A. 企业取得资质后不再符合相应资质条件的

B. 企业取得资质后发生重大安全事故的

C. 资质许可机关违反法定程序准予资质许可的

D. 资质证书有效期到期后未及时办理续期手续的

4. ［2016年真题］关于施工企业资质证书的申请、延续和变更的说法，正确的是（　　　　）。

A. 企业首次申请资质应当申请最低等级资质，但增项申请资质不必受此限制

B. 施工企业发生合并需承继原建筑业企业资质的，不必重新核定建筑业企业资质等级

C. 被撤回建筑业企业资质的企业，可以在资质被撤回后6个月内，向资质许可证机关提出核定低于原等级同类别资质的申请

D. 资质许可机关逾期未做出资质准予延续决定的，视为准予延续

参考答案

1. A、B、E；2. A、D、E；3. C；4. D

第三节　建造师注册执业制度

 **学习指导**

建造从业人员通过建造师考试后，只有经过注册才能以一级建造师的名义进行执业。本节围绕建造师注册执业进行展开，主要介绍了建造师注册、继续教育以及注册建造师的执业岗位、受聘单位等内容，最后介绍了在违法行为中应承担的法律责任。本节内容考察点比较集中，需要考生理解记忆。

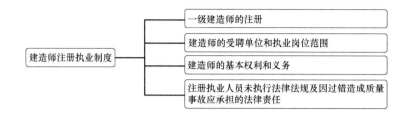

▶ 考点 1　一级建造师的注册

一、注册的相关规定

取得资格证书的人员，经过注册方能以注册建造师的名义执业。

（一）注册有效期（表 2-3-1）

注册有效期　　　　　　　　　　　　　　　　　表 2-3-1

类型	适用	有效期
初始注册	资格证书签发后首次提出注册申请	可自资格证书签发之日起 3 年内提出申请。逾期未申请者，须符合本专业继续教育的要求后方可申请初始注册，注册证书与执业印章有效期为 3 年
延续注册	注册有效期满	应当在注册有效期届满 30 日前，按照规定申请延续注册。延续注册的，有效期为 3 年
变更注册	更换执业单位	在注册有效期内，注册建造师变更执业单位，应当与原聘用单位解除劳动关系，并按照规定办理变更注册手续，变更注册后仍延续原注册有效期

（二）注册须具备的条件（表 2-3-2）

注册条件　　　　　　　　　　　　　　　　　表 2-3-2

注册类型		内容
初始注册	应当具备的条件	（1）经考核认定或考试合格取得资格证书； （2）受聘于一个相关单位； （3）达到继续教育要求； （4）没有《注册建造师管理规定》中规定不予注册的情形
	需提交的材料	（1）注册建造师初始注册申请表； （2）资格证书、学历证书和身份证明复印件； （3）申请人与聘用单位签订的聘用劳动合同复印件或其他有效证明文件； （4）逾期申请初始注册的，应当提供达到继续教育要求的证明材料
延续注册	需提交的材料	（1）注册建造师延续注册申请表； （2）原注册证书； （3）申请人与聘用单位签订的聘用劳动合同复印件或其他有效证明文件； （4）申请人注册有效期内达到继续教育要求的证明材料

续表

注册类型		内容
变更注册	需提交的材料	（1）注册建造师变更注册申请表； （2）注册证书和执业印章； （3）申请人与新聘用单位签订的聘用合同复印件或有效证明文件； （4）工作调动证明（与原聘用单位解除聘用合同或聘用合同到期的证明文件、退休人员的退休证明）

二、不予注册和注册证书的失效、注销

（一）不予注册的情形

《注册建造师管理规定》中规定，申请人有下列情形（表 2-3-3）之一的，不予注册。

不予注册的情形　　　　　　　　　　表 2-3-3

情形	具体内容	年限
（1）受到刑事处罚	刑事处罚尚未执行完毕	
（2）因执业活动受到刑事处罚	刑事处罚执行完毕之日起	到申请注册之日不满 5 年
（3）因非执业活动受到刑事处罚	处罚决定之日起	到申请注册之日不满 3 年
（4）被吊销注册证书	处罚决定之日起	到申请注册之日不满 2 年
（5）担任项目经理期间，所负责项目发生过重大质量和安全事故	发生事故之日起	到申请注册之日不满 3 年

其他：

（6）不具有完全民事行为能力的；

（7）申请在两个或者两个以上单位注册的；

（8）未达到注册建造师继续教育要求的；

（9）申请人的聘用单位不符合注册单位要求的；

（10）年龄超过 65 周岁的

（二）注册证书和执业印章失效

注册建造师有下列情形之一的，其注册证书和执业印章失效：

（1）聘用单位破产的；

（2）聘用单位被吊销营业执照的；

（3）聘用单位被吊销或者撤回资质证书的；

（4）已与聘用单位解除聘用合同关系的；

（5）注册有效期满且未延续注册的；

（6）年龄超过 65 周岁的；

（7）死亡或不具有完全民事行为能力的；

（8）其他导致注册失效的情形。

（三）注销注册

注册建造师有下列情形之一的，由注册机关办理注销手续，收回注册证书和执业印章或者公告其注册证书和执业印章作废：

（1）有以上规定的注册证书和执业印章失效情形发生的；

（2）依法被撤销注册的；

（3）依法被吊销注册证书的；

（4）受到刑事处罚的；

（5）法律、法规规定应当注销注册的其他情形。

▶ 考点 2 建造师的受聘单位和执业岗位范围

一、一级建造师的受聘单位

取得资格证书的人员应当受聘于一个具有建设工程勘察、设计、施工、监理、招标代理、造价咨询等一项或者多项资质的单位，经注册后方可从事相应的执业活动。担任施工单位项目负责人的，应当受聘并注册于一个具有施工资质的企业。

二、一级建造师的执业范围（表 2-3-4）

建造师的执业范围包括：

（1）担任建设工程项目施工的项目经理；

（2）从事其他施工活动的管理工作；

（3）法律、行政法规或国务院建设行政主管部门规定的其他业务。

一级建造师可以担任特级、一级建筑业企业资质的建设工程项目施工的项目经理。

一级建造师的执业范围   表 2-3-4

执业范围		内容
执业区域范围		一级注册建造师可在全国范围内以一级注册建造师名义执业。工程所在地各级建设主管部门和有关部门不得增设或者变相设置跨地区承揽工程项目执业准入条件
执业岗位范围	注册建造师不得同时担任两个及以上建设工程施工项目负责人。发生下列情形之一的除外	（1）同一工程相邻分段发包或分期施工的； （2）合同约定的工程验收合格的； （3）因非承包方原因致使工程项目停工超过120天（含），经建设单位同意的
	注册建造师担任施工项目负责人期间原则上不得更换。如发生下列情形之一的，应当办理书面交接手续后更换施工项目负责人	（1）发包方与注册建造师受聘企业已解除承包合同的； （2）发包方同意更换项目负责人的； （3）因不可抗力等特殊情况必须更换项目负责人的
执业工程范围		注册建造师应当在其注册证书所注明的专业范围内从事建设工程施工管理活动。注册建造师分10个专业，具体略

考点 3 建造师的基本权利和义务

一、建造师的基本权利和义务（表2-3-5）

建造师的基本权利和义务 表2-3-5

建造师的权利	建造师的义务
（1）使用注册建造师名称； （2）在规定范围内从事执业活动； （3）在本人执业活动中形成的文件上签字并加盖执业印章； （4）保管和使用本人注册证书、执业印章； （5）对本人执业活动进行解释和辩护； （6）接受继续教育； （7）获得相应的劳动报酬； （8）对侵犯本人权利的行为进行申述	（1）遵守法律、法规和有关管理规定，恪守职业道德； （2）执行技术标准、规范和规程； （3）保证执业成果的质量，并承担相应责任； （4）接受继续教育，努力提高执业水准； （5）保守在执业中知悉的国家秘密和他人的商业、技术等秘密； （6）与当事人有利害关系的，应当主动回避； （7）协助注册管理机关完成相关工作

二、建造师的执业文件（签字盖章）

（1）建设工程活动中形成的施工管理文件，应当由注册建造师签字并盖章。

（2）分包工程施工管理文件，应当由分包企业注册建造师签章。分包质量合格文件上，必须由担任总包项目负责人的注册建造师签章。

（3）修改建造师签字盖章过的文件，应当由所在企业同意后本人修改。本人不能修改的，应当由企业指定同资格条件的注册建造师进行修改。

考点 4 注册执业人员未执行法律法规及因过错造成质量事故应承担的法律责任

《建筑工程施工转包违法分包等违法行为认定查处办法》：对注册执业人员未执行法律法规的，责令其停止执业3个月以上1年以下；情节严重的，吊销执业资格证书，5年内不予注册；造成重大安全事故的，终身不予注册；构成犯罪的，依照刑法有关规定追究刑事责任。

对注册执业人员违反法律法规规定，因过错造成质量事故的，责令停止执业1年；造成重大质量事故的，吊销执业资格证书，5年内不予注册；情节特别恶劣的，终身不予注册。

强化练习

1. ［2020年真题］关于一级建造师执业范围的说法正确的是（   ）。

A. 可以在建设监理企业从事管理活动

B. 只能担任大型工程施工项目负责人

C. 可以同时担任两个建设工程施工项目负责人

D. 担任施工项目负责人期间一律不得更换

2. [2019年真题] 关于一级建造师不予注册的说法，正确的是（   ）。

A. 因执业活动之外的原因受到刑事处罚，自刑事处罚执行完毕之日起至申请注册之日不满5年的

B. 被吊销注册证书，自处罚决定之日起至申请注册之日止不满3年的

C. 年龄超过60周岁的

D. 申请在两个或者两个以上单位注册的

3. [2019年真题] 关于注册建造师的权利和义务的说法，正确的是（   ）。

A. 修改注册建造师已签字并加盖执业印章的工程施工管理文件，只能由注册建造师本人修改

B. 注册建造师享有保管和使用本人注册证书、执业印章的权利

C. 注册建造师可以超出聘用单位业务范围从事执业活动

D. 高校教师可以以注册建造师的名义执业

4. [2018年真题] 甲为某事业单位的技术人员，取得一级建造师资格证书后，正确的做法是（   ）。

A. 甲不辞职，即可受聘并注册于一个施工企业

B. 甲辞职后，可以受聘并注册于一个勘察企业

C. 甲不辞职，即可受聘并注册于一个设计企业

D. 甲辞职后，只能受聘并注册于一个施工企业

5. [2018年真题] 根据《注册建造师执业管理办法》，属于注册建造师不得担任两个及以上建设工程施工项目负责人的情形是（   ）。

A. 同一工程相邻分段发包的

B. 合同约定的工程验收合格的

C. 因非承包方原因致使工程项目停工超过120天（含），经建设单位同意的

D. 合同约定的工程提交竣工验收报告的

6. [2017年真题] 注册建造师担任施工项目负责人，在其承建的工程项目竣工验收手续办结前，可以变更注册至另一个企业的情形是（   ）。

A. 同一工程分期施工

B. 发包方同意更换项目负责人

C. 承包方同意更换项目负责人

D. 停工超过120天承包方认为需要调整的

7. [2016年真题] 根据《建筑工程施工转包违法分包等违法行为认定查处管理办法（试行）》，关于对个人挂靠行为处罚的说法，正确的是（   ）。

A. 有执业资格证书的，吊销其执业资格证书，5年内不予执业资格注册

B. 处以一定比例的罚款

C. 不得再担任项目负责人

D. 造成重大质量安全事故的，吊销其执业资格证书，5 年以后可以重新注册

参考答案

1. A；2. D；3. B；4. B；5. D；6. B；7. A

第三章

建设工程发承包法律制度

本章近三年考情

本章近三年考试真题分值统计　　　　（单位：分）

年份 节	2018 年	2019 年	2020 年
第一节　建设工程招标投标制度	7	7	9
第二节　建设工程承包制度	2	2	2
第三节　建筑市场信用体系建设	2	2	1

第一节　建设工程招标投标制度

 学习指导

　　招标投标制度是建设工程开工前选择承包单位的一种方式。本节主要围绕招标投标，分别介绍了招标的相关基本知识和投标的相关基本知识，基本覆盖了招标投标的全过程。本节在考试中考频较高，分值也较高，相关考点都非常重要。

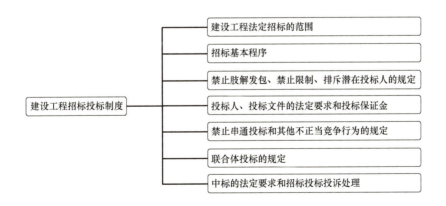

考点 1　建设工程法定招标的范围

一、建设工程必须招标的范围和规模

建设工程必须招标的范围和规模（表 3-1-1）。

建设工程必须招标的范围和规模　　　　　　　　　　表 3-1-1

范围（外国公基）	标准	备注
（1）大型基础设施、公用事业等关系社会公共利益、公众安全的项目； （2）全部或者部分使用国有资金投资或者国家融资的项目； （3）使用国际组织或者外国政府贷款、援助资金的项目	施工≥400万	范围＋规模，两条件同时具备才需要招标
	重要采购≥200万	
	服务≥100万	

（一）全部或者部分使用国有资金投资或者国家融资的项目

（1）使用预算资金 200 万元人民币以上，并且该资金占投资额 10% 以上的项目；

（2）使用国有企业事业单位资金，并且该资金占控股或者主导地位的项目。

（二）使用国际组织或者外国政府贷款、援助资金的项目

（1）使用世界银行、亚洲开发银行等国际组织贷款、援助资金的项目；

（2）使用外国政府及其机构贷款、援助资金的项目。

二、可以不进行招标的建设工程项目

（一）不适宜招标

《招标投标法》规定，涉及国家安全、国家秘密、抢险救灾或者扶贫资金实施以工代赈、需要使用农民工等特殊情况，不适宜进行招标的项目，按照国家规定可以不进行招标。

（二）可以不招标

《招标投标法实施条例》规定，除《招标投标法》规定可以不进行招标的特殊情况外，有下列情形之一的，可以不进行招标：（1）需要采用不可替代的专利或专有技术；（2）采购人能够依法自行建设、生产或者提供；（3）已通过招标方式选定的特许经营项目投资人依法自行建设、生产或者提供；（4）需要向原中标人采购工程货物或者服务，否则影响施工或配套要求；（5）国家规定的其他情形。

三、建设工程招标方式（图 3-1-1）

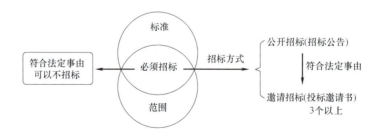

图3-1-1　建设工程招标方式

（一）公开招标

1.公开招标的概念

公开招标，是指招标人以招标公告的方式邀请不特定的法人或者其他组织投标。国有资金占控股或者主导地位的依法必须进行招标的项目，应当公开招标。

2. 公开招标的信息发布

依法必须进行招标的项目的招标公告，应当通过国家指定的报刊、信息网络或者其他媒介发布。

（二）邀请招标

1. 邀请招标的概念

邀请招标，是指招标人以投标邀请书的方式邀请特定的法人或者其他组织投标。

2. 邀请招标的要求

招标人采用邀请招标方式的，应当向3个以上具备承担招标项目的能力、资信良好的特定的法人或者其他组织发出投标邀请书。

3. 邀请招标的情形

（1）国务院发展计划部门确定的国家重点项目和省、自治区、直辖市人民政府确定的地方重点项目不适宜公开招标的，经国务院发展计划部门或者省、自治区、直辖市人民政府批准，可以进行邀请招标；

（2）国有资金占控股或者主导地位的依法必须进行招标的项目，应当公开招标；但有下列情形之一的，可以邀请招标：①技术复杂、有特殊要求或者受自然环境限制，只有少量潜在投标人可供选择；②采用公开招标方式的费用占项目合同金额的比例过大。

四、建设工程招标投标交易场所

（一）交易场所的设立

设区的市级以上地方人民政府可以根据实际需要，建立统一规范的招标投标交易场所，为招标投标活动提供服务。

（二）交易场所的限定

招标投标交易场所不得与行政监督部门存在隶属关系，不得以营利为目的。国家鼓励利用信息网络进行电子招标投标。

（三）公告和公示（表3-1-2）

公告和公示　　　　　　　　　　　　　　　表3-1-2

资格预审公告和招标公告应载明的内容	中标候选人公示应载明的内容
（1）招标项目名称、内容、范围、规模、资金来源； （2）投标资格能力要求，以及是否接受联合体投标； （3）获取资格预审文件或招标文件的时间、方式； （4）递交资格预审文件或投标文件的截止时间、方式； （5）招标人及其招标代理机构的名称、地址、联系人及联系方式； （6）采用电子招标投标方式的，潜在投标人访问电子招标投标交易平台的网址和方法； （7）其他依法应当载明的内容	（1）中标候选人排序、名称、投标报价、质量、工期（交货期），以及评标情况； （2）中标候选人按照招标文件要求承诺的项目负责人姓名及其相关证书名称和编号； （3）中标候选人响应招标文件要求的资格能力条件； （4）提出异议的渠道和方式； （5）招标文件规定公示的其他内容。 依法必须招标项目的中标结果公示应当载明中标人名称

▶ 考点 2　招标基本程序

招标基本程序主要包括 9 个（图 3-1-2）。

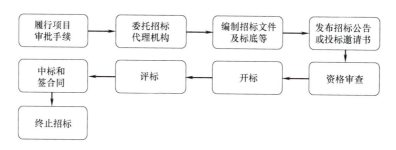

图3-1-2　招标基本程序

一、履行项目审批手续

按照国家有关规定需要履行项目审批、核准手续的依法必须进行招标的项目，其招标<u>范围、招标方式、招标组织形式</u>应当报项目审批、核准部门审批、核准。

二、委托招标代理机构

（一）是否必须委托招标代理机构

招标人具有编制招标文件和组织评标能力的，可以自行办理招标事宜。任何单位和个人不得强制其委托招标代理机构办理招标事宜。依法必须进行招标的项目，招标人自行办理招标事宜的，应当向有关行政监督部门备案。

（二）招标代理机构需符合的规定（表 3-1-3）

招标代理机构的资格要求　　　　　　　　　　　　　　　表 3-1-3

对招标代理机构要求	具体规定
具有编制招标文件和组织评标能力	招标人具有与招标项目规模和复杂程度相适应的技术、经济等方面的专业人员
社会中介组织	依法设立、从事招标代理业务并提供相关服务
招标人选择代理机构	招标人有权自行选择招标代理机构，委托其办理招标事宜
招标代理机构应具备的条件	（1）有从事招标代理业务的营业场所和相应资金； （2）有能够编制招标文件和组织评标的相应专业力量

三、编制招标文件、标底及工程量清单计价

（一）招标文件内容

招标人应当根据招标项目的特点和需要编制招标文件。招标文件应当包括招标项目的技术要求、对投标人资格审查的标准、投标报价要求和评标标准等所有实质性要求和条件以及拟签订合同的主要条款。国家对招标项目的技术、标准有规定的，招标人应当按照其规定在招标文件中提出相应要求。

（二）招标文件相关时间和规定（表 3-1-4）

招标文件的时间规定　　　　　　　　表 3-1-4

事项	时间规定	
招标人发出（第一份）招标文件	提交投标文件截止时间至少 20 日前	
招标人发售资格预审、招标文件	≥ 5 日	
招标人澄清、修改招标文件	提交投标文件截止时间至少 15 日前	
澄清、修改资格预审文件	提交资格预审文件截止时间至少 3 日前	时间不足，顺延提交文件的截止时间
澄清、修改投标文件	投标截止时间至少 15 日前	
潜在投标人或其他利害关系人对招标文件有异议	投标截止时间 10 日前提出，招标人收到异议之日起 3 日内答复，答复前暂停招投标活动	

（1）招标人应当在招标文件中载明投标有效期。投标有效期从提交投标文件的截止之日起算。

（2）招标人可以自行决定是否编制标底。一个招标项目只能有一个标底。标底必须保密。

（3）接受委托编制标底的中介机构不得参加受托编制标底项目的投标，也不得为该项目的投标人编制投标文件或者提供咨询。

（4）招标人设有最高投标限价的，应当在招标文件中明确最高投标限价或者最高投标限价的计算方法。招标人不得规定最低投标限价。

（5）招标人不得以不合理的条件限制或者排斥潜在投标人，不得对潜在投标人实行歧视待遇。

（6）招标文件应当包括招标项目的技术要求、资格审查标准、投标报价要求和评标标准等所有实质性要求和条件以及拟签订合同的主要条款。招标文件应当载明投标有效期。

（三）投标限价（表 3-1-5）

投标限价的规定　　　　　　　　表 3-1-5

项目	具体规定
国有资金投资的建筑工程招标的	应当设有最高投标限价
非国有资金投资的建筑工程招标的	可以设有最高投标限价或者招标标底
最高投标限价	应当依据工程量清单、工程计价有关规定和市场价格信息等编制
招标人设有最高投标限价的	应当在招标时公布最高投标限价的总价，以及各单位工程的分部分项工程费、措施项目费、其他项目费、规费和税金
招标标底	应当依据工程计价有关规定和市场价格信息等编制

四、发布招标公告或投标邀请书

（1）招标人采用公开招标方式的，应当发布招标公告。招标公告应当载明招标人的名称和地址、招标项目的性质、数量、实施地点和时间以及获取招标文件的办法等事项。

（2）招标人采用邀请招标方式的，应当向三个以上具备承担招标项目的能力、资信良好的特定的法人或者其他组织发出投标邀请书。

（3）招标人发售资格预审文件、招标文件收取的费用应当限于补偿印刷、邮寄的成本支出，不得以营利为目的。

五、资格审查

资格审查分为资格预审和资格后审。

六、开标

（一）开标时间（图3-1-3）

图3-1-3　开标时间

（二）开标的其他规定（表3-1-6）

开标的规定　　　　　　　　　　　　　　　　　　　　　　　　　　　表 3-1-6

开标	规定
时间	亦称提交投标文件截止时间／投标有效期起点／投标保证金有效期起点
地点	招标文件预先确定的地点
主持	招标人主持，邀请所有投标人参加
重新招标	投标人少于3个的，不得开标，招标人应当重新招标
异议	投标人对开标有异议的，应当在开标现场提出，招标人应当当场作出答复，并制作记录

七、评标

（一）评标委员会（表3-1-7）

评标委员会的具体内容　　　　　　　　　　　　　　　　　　　　　　表 3-1-7

评标委员会	规定
组建	招标人组建评标委员会
成员	总人数（5人以上单数）：包括招标人代表＋技术、经济方面的专家 （技术、经济方面专家不少于成员总数2/3）
成员回避	与投标人有利害关系的人不得进入相关项目的评标委员会
成员保密	评标委员会成员名单在中标结果确定前应当保密
标底	有标底的，标底应当在开标时公布。标底仅作为评标参考，不得规定以接近标底作为中标条件，也不得规定投标报价超出标底上下浮动范围作为否决投标的条件
投标文件含义不明、明显文字计算错误	评标委员会认为需要说明，书面通知投标人澄清说明，不暗示、不接受投标人主动说明。投标人的澄清、说明应当采用书面形式

续表

评标委员会	规定
评标依据	评标委员会应当按照招标文件确定的评标标准和方法,对投标文件进行评审和比较;设有标底的,应当参考标底。招标文件没有规定的评标标准和方法不得作为评标的依据
评标人的不良行为	评标委员会成员不得私下接触投标人,不得收受投标人给予的财物或者其他好处,不得向招标人征询确定中标人的意向,不得接受任何单位或者个人明示或者暗示提出的倾向或者排斥特定投标人的要求,不得有其他不客观、不公正履行职务的行为
评标完成	评标委员会向招标人提交书面评标报告,并推荐合格的中标候选人。评标委员会经评审,认为所有投标都不符合招标文件要求的,可以否决所有投标。依法必须进行招标的项目的所有投标被否决的,招标人应当依法重新招标
中标候选人	书面评标报告中列明中标候选人:不超过3个且注明顺序
评标报告	评标委员会全体成员签字,不同意见书面说明,既不签字又不说明视为同意

（二）否决其投标

有下列情形之一的,评标委员会应当否决其投标:（1）投标文件未经投标单位盖章和单位负责人签字;（2）投标联合体没有提交共同投标协议;（3）投标人不符合国家或者招标文件规定的资格条件;（4）同一投标人提交两个以上不同的投标文件或者投标报价,但招标文件要求提交备选投标的除外;（5）投标报价低于成本或者高于招标文件设定的最高投标限价;（6）投标文件没有对招标文件的实质性要求和条件作出响应;（7）投标人有串通投标、弄虚作假、行贿等违法行为。

八、中标和签订合同

（一）时间要求

招标人和中标人应当自中标通知书发出之日起30日内,按照招标文件和中标人的投标文件订立书面合同。

（二）内容要求

《招标投标法实施条例》规定:招标人和中标人签订书面合同,合同的标的、价款、质量、履行期限等主要条款应当与招标文件和中标人的投标文件的内容一致（否则,招标办不予合同备案）。

（三）阴阳合同处理

当事人就同一建设工程另行订立的建设工程施工合同与经过备案的中标合同实质性内容不一致的,应当以备案的中标合同作为结算工程价款的根据。

九、终止招标

招标人终止招标的,应当及时发布公告,或者以书面形式通知被邀请的或者已经获取资格预审文件、招标文件的潜在投标人。

⊙ 考点 3　禁止肢解发包、禁止限制、排斥潜在投标人的规定

一、肢解发包

（一）肢解发包的规定

招标项目需要划分标段、确定工期的，招标人应当合理划分标段、确定工期，并在招标文件中载明。提倡对建筑工程实行总承包，禁止将建筑工程肢解发包。

（二）肢解发包的法律责任

《建设工程质量管理条例》规定，建设单位不得将建设工程肢解发包。建设单位将建设工程肢解发包的，责令改正，处工程合同价款 0.5% 以上 1% 以下的罚款；对全部或者部分使用国有资金的项目，并可以暂停项目执行或者暂停资金拨付。

二、禁止限制、排斥投标人的规定

招标人不得组织单个或者部分潜在投标人踏勘项目现场。

招标人有下列行为之一的，属于以不合理条件限制、排斥潜在投标人或者投标人：（1）就同一招标项目向潜在投标人或者投标人提供有差别的项目信息；（2）设定的资格、技术、商务条件与招标项目的具体特点和实际需要不相适应或者与合同履行无关；（3）依法必须进行招标的项目以特定行政区域或者特定行业的业绩、奖项作为加分条件或者中标条件；（4）对潜在投标人或者投标人采取不同的资格审查或者评标标准；（5）限定或者指定特定的专利、商标、品牌、原产地或者供应商；（6）依法必须进行招标的项目非法限定潜在投标人或者投标人的所有制形式或者组织形式；（7）以其他不合理条件限制、排斥潜在投标人或者投标人。

⊙ 考点 4　投标人、投标文件的法定要求和投标保证金

一、投标人（表 3-1-8）

投标人的规定　　　　　　　　　　　　　　　　　　　　表 3-1-8

投标人	具体规定
概念	响应招标、参加投标竞争的法人或者其他组织
回避	与招标人存在利害关系可能影响招标公正性的法人、其他组织或者个人，不得参加投标。单位负责人为同一人或者存在控股、管理关系的不同单位。不得参加同一标段投标或者未划分标段的同一招标项目投标。违反以上规定的，相关投标均无效
变化	投标人合并、分立、破产等重大变化的，应当及时书面告知招标人（不再具备资格条件或影响公正性，其投标无效）

二、投标文件

（一）投标文件的内容要求

投标文件应包括下列内容：（1）投标函及投标函附录；（2）法定代表人身份证明或附有法定代表人身份证明的授权委托书；（3）联合体协议书；（4）投标保证金；（5）已标价工程

量清单；（6）施工组织设计；（7）项目管理机构；（8）拟分包项目情况表；（9）资格审查资料；（10）投标人须知前附表规定的其他材料。非联合体投标不包括（3）联合体协议书。

招标文件与投标文件的对比（表 3-1-9）。

招标文件与投标文件的对比　　　　　　　　　　表 3-1-9

招标文件	投标文件
招标公告或投标邀请书	投标函（及附录）
投标人须知	法定代表人身份证明或授权委托书
评标办法	联合体协议书
合同条款及格式	投标保证金
工程量清单	已标价工程量清单
技术标准和要求	施工组织设计
投标文件格式	项目管理机构
—	拟分包项目情况表
—	资格审查资料

（二）投标文件的修改与撤回

投标人在投标截止时间前，可以书面通知撤回、补充或修改投标文件。补充、修改的内容为投标文件的组成部分。

（三）投标文件的送达与签收（表 3-1-10）

投标文件的送达与签收　　　　　　　　　　表 3-1-10

投标文件	具体规定
提交时间	招标文件规定的截止时间前
保存	招标人收到投标文件后，签收保存，不得开启
数量	投标人少于 3 个的，重新招标
拒收情形	《招标投标法》：提交投标文件截止时间后送达。《招标投标法实施条例》：（1）未通过资格预审；（2）逾期送达；（3）不按招标文件要求密封

三、投标保证金（表 3-1-11）

投标保证金是指投标人按照招标文件的要求向招标人出具的，以一定金额表示的投标责任担保（保证金类型：投标保证金、履约保证金、工程质量保证金、农民工工资保证金）。

投标保证金的规定　　　　　　　　　　表 3-1-11

投标保证金	具体规定
金额	《办法》：不得超过招标项目估算价的 2%，但最高不得超过 80 万元《条例》：不得超过招标项目估算价的 2%

续表

投标保证金	具体规定
有效期	与投标有效期一致
两阶段招标保证金的提交	第二阶段提出
终止招标	招标人（已收取）及时退还保证金及银行同期存款利息
撤回投标文件	招标人（已收取）自收到投标人书面撤回通知之日起5日内退还
撤销投标文件	招标人可以不退还投标保证金
退还投标保证金	最迟书面合同签订后5日内向中标和未中标的投标人退还保证金及银行同期存款利息

▶ 考点 5　禁止串通投标和其他不正当竞争行为的规定

一、投标人的不正当竞争行为

投标人不正当竞争行为主要包括五种：（1）投标人相互串通投标；（2）招标人与投标人串通投标；（3）投标人以行贿手段谋取中标；（4）投标人以低于成本的报价竞标；（5）投标人以他人名义投标或以其他方式弄虚作假骗取中标。

二、禁止投标人相互串通投标（表 3-1-12）

区分"视为"投标人串通投标与"属于"投标人相互串通投标。

投标人相互串通投标的情形　　　　　　　　　　　　　表 3-1-12

属于投标人串通投标	视为投标人串通投标
（1）投标人之间协商投标报价等投标文件的实质性内容； （2）投标人之间约定中标人； （3）投标人之间约定部分投标人放弃投标或者中标； （4）属于同一集团、协会、商会等组织成员的投标人按照该组织要求协同投标； （5）投标人之间为谋取中标或者排斥特定投标人而采取的其他联合行动	（1）不同投标人的投标文件由同一单位或者个人编制； （2）不同投标人委托同一单位或者个人办理投标事宜； （3）不同投标人的投标文件载明的项目管理成员为同一人； （4）不同投标人的投标文件异常一致或者投标报价呈规律性差异； （5）不同投标人的投标文件相互混装； （6）不同投标人的投标保证金从同一单位或者个人的账户转出

▶ 考点 6　联合体投标的规定

联合体投标是一种特殊的投标人组织形式，一般适用于大型的或结构复杂的建设项目（表 3-1-13）。

联合体投标的规定　　　　　　　　　　　　　表 3-1-13

联合体	具体规定
组成	两个以上法人或者其他组织
身份	一个投标人的身份（非法人）
资质	同一专业按较低，不同专业按各自（即没有统一资质）
内部	签订共同投标协议，约定各方责任，共同投标协议与投标文件一并提交招标人
合同	联合体各方共同与招标人签订合同
外部	联合体各方就中标项目向招标人承担连带责任
竞争	（1）不得强制投标人组成联合体； （2）不得限制投标人竞争； （3）招标人应在（资格预审公告、招标公告或者投标邀请书）载明是否接受联合体
变化	资格预审后联合体增减、更换成员的，其投标无效
一标不二投	联合体各方在同一招标项目中以自己名义单独投标或者参加其他联合体投标的，相关投标均无效

▶ 考点 7　中标的法定要求和招投标投诉处理

一、中标的法定要求

（一）时间流程（图 3-1-4）

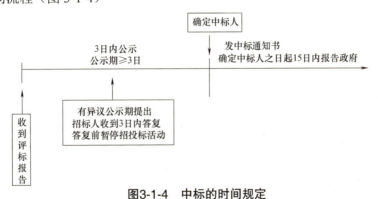

图3-1-4　中标的时间规定

（二）确定中标人（表 3-1-14）

中标人的确定　　　　　　　　　　　　　表 3-1-14

		具体规定
确定中标人	两种方式 确定	招标人选（根据评标委员会提交的书面评标报告及推荐的中标候选人）
		招标人授权评标委员会直接确定
中标条件	两个条件满足其一即可	最大限度满足招标文件中规定的各项综合评价标准
		满足招标文件的实质性要求，并经评审投标价格最低，但低于成本价的除外

【提示】国有资金占控股或主导地位依法必须进行招标的项目，招标人应当确定排名第一的中标候选人为中标人。

国有资金必须招标的项目，招标人应当确定排名第一的中标候选人为中标人。排名第一的中标候选人放弃中标、因不可抗力不能履行合同、不按照招标文件要求提交履约保证金，或者被查实存在影响中标结果的违法行为等情形，不符合中标条件的，招标人可以：（1）按照评标委员会提出的中标候选人名单排序依次确定其他中标候选人为中标人；（2）重新招标（两种方式任选其一）。

当中标候选人经营、财务状况出现较大变化，可能影响其履约能力的，招标人应当在发出中标通知书前通知原评标委员会根据原来招标文件规定的评标标准和方法重做审查确认。

（三）中标通知书和报告招标投标情况

依法必须进行招标的项目，招标人应当自确定中标人之日起15日内，向有关行政监督部门提交招标投标情况的书面报告。

（四）履约保证金

招标文件要求中标人提交履约保证金的，中标人应当提交。履约保证金不得超过中标合同金额的10%。

二、招标投诉与处理

（一）招标投诉的规定（表3-1-15）

招标投诉的规定　　　　　　　　　　　　　表3-1-15

异议的种类	提出时间	异议处理	其他
对资格预审文件提出异议	最迟在提交资格预审文件截止时间2日前	招标人收到异议后3日内答复，答复前暂停招投标活动	招标人不答复，或投标人对招标人答复不服的，可以向招标办投诉
对招标文件提出异议	最迟在提交投标文件截止时间10日前	招标人收到异议后3日内答复，答复前暂停招投标活动	
对开标提出异议	开标现场当场提出	招标人当场回复并书面记录	
对评标结果提出异议	中标候选人公示期间	招标人收到异议后3日内答复，答复前暂停招投标活动	
其他事项	知道或应当知道该违法事实之日起10日内	直接向招标办投诉	

（二）招标投诉处理的规定

投诉人就同一事项向两个以上有权受理的行政监督部门投诉的，由最先收到投诉的行政监督部门负责处理。

该部门自收到投诉之日起3个工作日内决定是否受理，并自受理之日起30个工作日内作出书面处理意见。

强化练习

1. [2020年真题] 依法必须进行招标的项目，自招标文件开始发出之日起至投标人提交投标文件截止之日止，最短不得少于（　　）日。

A. 30　　　　　　　　B. 25　　　　　　　　C. 20　　　　　　　　D. 15

2. [2020年真题] 关于开标的说法，正确的是（　　）。

A. 开标可以在招标文件确定的提交投标文件截止时间之后公开进行

B. 开标地点可以不在招标文件预先确定的地点，但招标人须在开标前5日书面通知所有获取招标文件的潜在投标人

C. 开标应当由招标代理机构主持，邀请所有投标人参加

D. 投标人少于3个的，不得开标

3. [2020年真题] 关于依法必须进行招标的项目公示中标候选人的说法，正确的是（　　）。

A. 投标人或者其他利害关系人对评标结果有异议的，应当在中标候选人公示期间提出

B. 招标人应当自收到评标告之日起5日内公示中标候选人

C. 公示期不得少于5日

D. 招标人应当自收到异议之日起3日作出答复，作出答复前，招标投标活动继续进行

4. [2020年真题] 根据《关于清理规范工程建设领域保证金的通知》，可以要求建筑业企业在工程建设中缴纳的保证金有（　　）。

A. 投标保证金　　　　　　　　　　B. 履约保证金

C. 工程质量保证金　　　　　　　　D. 农民工工资保证金

E. 文明施工保证金

5. [2020年真题] 根据《招标投标法实施条例》，国有资金占控股或者主导地位的依法必须进行招标的项目，可以邀请招标的有（　　）。

A. 技术复杂，只有少量潜在投标人可供选择的项目

B. 国务院发展改革部门确定的国家重点项目

C. 受自然环境限制，只有少量潜在投标人可供选择的项目

D. 采用公开招标方式的费用占项目合同金额的比例过大的项目

E. 省、自治区、直辖市人民政府确定的地方重点项目

6. [2019年真题] 招标人的下列行为中，属于以不合理条件限制、排斥潜在投标人或者投标人的有（　　）。

A. 就同一招标项目向潜在投标人或投标人提供有差别的项目信息

B. 对潜在投标人或者投标人采取不同的资格审查或者评标标准

C. 限定或者指定特定的专利、商标、品牌、原产地或者供应商

D. 依法必须进行招标的项目限定潜在投标人或者投标人的所有制形式或组织形式

E. 根据招标项目的具体特点设定资格、技术、商务条件

7.［2019年真题］根据《招标投标法实施条例》，关于投标保证金的说法，正确的有（　　）。

A. 投标保证金有效期应当与投标有效期一致

B. 投标保证金不得超过招标项目估算价的 2%

C. 两阶段招标中要求提交投标保证金的，应当在第一阶段提出

D. 招标人应当在中标通知书发出后 5 日内退还中标人的投标保证金

E. 未中标的投标人的投标保证金及银行同期存款利息，招标人最迟应当在书面合同签订后 5 日内退还

8.［2019年真题］关于开标的说法，正确的是（　　）。

A. 投标文件经确定无误后，由招标监管部门人员当众拆封

B. 开标时只能由投标人或其推选的代表检查投标文件的密封情况

C. 开标过程应当及时向社会公布

D. 开标地点应当为招标文件中预先确定的地点

9.［2019年真题］根据《招标投标法》，可以确定中标人的主体是（　　）。

A. 经招标人授权的招标代理机构　　　　　B. 招标投标行政监督部门

C. 经招标人授权的评标委员会　　　　　　D. 公共资源交易中心

10.［2019年真题］关于投标文件的送达和接收的说法，正确的是（　　）。

A. 投标文件逾期送达的，可以推迟开标

B. 未按招标文件要求密封的投标文件，招标人不得拒收

C. 招标人签收投标文件后，特殊情况下，经批准可以在开标前开启投标文件

D. 招标文件可以在法定拒收情形外另行规定投标文件的拒收情形

11.［2018年真题］关于招标文件的说法，正确的是（　　）。

A. 招标文件的要求不得高于法律规定

B. 潜在投标人对招标文件有异议的，招标人做出答复前，招标投标活动继续进行

C. 招标文件中载明的投标有效期从提交投标资格预审文件之日起算

D. 招标人修改已发出的招标文件，应当以书面形式通知所有招标文件收受人

12.［2018年真题］关于中标和签订合同的说法，正确的是（　　）。

A. 招标人应当授权评标委员会直接确定中标人

B. 招标人与中标人签订合同的标的，价款，质量等主要条款应当与招标文件一致，但履行期限可以另行协商确定

C. 确定中标人的权利属于招标人

D. 中标人应当自中标通知书送达之日起 30 日内，按照招标文件与投标人订立书面合同

13.［2017年真题］关于评标规则的说法，正确的是（　　）。

A. 评标委员会成员的名单可在开标前予以公布

B. 投标文件未经投标单位盖章和负责人签字的，评标委员会应当否决其投标

C. 招标项目的标底应当在中标结果确定前公布

D. 评标委员会确定的中标候选人至少 3 个并标明顺序

14. ［2017 年真题］根据《招标投标法实施条例》，下列情形中，属于不同投标人之间相互串通投标情形的是（　　）。

A. 约定部分投标人放弃投标或者中标

B. 投标文件相互混装

C. 投标文件载明的项目经理为同一人

D. 委托同一单位或个人办理投标事宜

15. ［2017 年真题］关于确定中标人的说法，正确的是（　　）。

A. 投标人不得授权评标委员会直接确定中标人

B. 排名第一的中标候选人放弃中标的，招标人必须重新招标

C. 确定中标人选，招标人可以就投标价格与投标人进行谈判

D. 国有资金占控股地位的依法必须进行招标的项目，招标人应当确定排名第一的中标候选人为中标人

16. ［2017 年真题］根据《招标投标法实施条例》，招标人的下列行为中属于以不合理条件限制、排斥投标人的有（　　）。

A. 就同一招标项目向投标人提供有差别的项目信息的

B. 明示或暗示投标人，为特定投标人中标提供方便的

C. 授意投标人撤换、修改投标文件的

D. 限定或者指定特定的专利、商标、品牌的

E. 向特定投标人泄露标底的

17. ［2016 年真题］关于招标文件的说法，正确的是（　　）。

A. 招标人可以在招标文件中设定最高投标限价和最低投标限价

B. 潜在投标人对招标文件有异议的，应当在投标截止时间 15 日前提出

C. 招标人应当在招标文件中载明投标有效期，投标有效期从提交投标文件的截止之日算起

D. 招标人对已经发出的招标文件进行必要的澄清的，应当在投标截止时间至少 10 日之前，通知所有获取招标文件的潜在招标人

18. ［2016 年真题］关于评标的说法，正确的是（　　）。

A. 评标委员会认为所有投标都不符合招标文件要求的，可以否决所有投标

B. 招标项目设有标底的，可以以投标报价是否接近标底作为中标条件

C. 评标委员会成员拒绝在评标报告上签字的，视为不同意评标结果

D. 投标文件中有含义不明确的内容的，评标委员会可以口头要求投标人作出必要澄清、说明

19. ［2016 年真题］投标人对开标投诉的，依法应当先向（　　）提出异议。

A. 招标人　　　　　　　　　　　　B. 评标委员会

C. 纪律检查委员会　　　　　　　　D. 有关行政监督部门

参考答案

1. C；2. D；3. A；4. A、B、C、D；5. A、C、D；6. A、B、C、D；7. A、B、E；8. D；9. C；10. D；11. D；12. C；13. B；14. A；15. D；16. A、D；17. C；18. A；19. A

第二节　建设工程承包制度

学习指导

　　建设工程承包制度包括施工总承包、共同承包、分包等制度。本节重点介绍了他们的资质、适用范围、责任承担等，考生在学习中，要学会对比这几者的异同。其中，最重要的考点是分包的规定，需要考生重点学习。

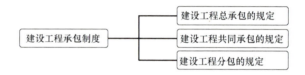

▶ 考点 1　建设工程总承包的规定

一、建设工程发包的基本规定

　　（1）《建筑法》规定，建筑工程实行招标发包的，发包单位应当将建筑工程发包给依法中标的承包单位。建筑工程实行直接发包的，发包单位应当将建筑工程发包给具有相应资质条件的承包单位。

　　（2）按照合同约定，建筑材料、建筑构配件和设备由工程承包单位采购的，发包单位不得指定承包单位购入用于工程的建筑材料、建筑构配件和设备或者指定生产厂、供应商。

　　（3）政府投资项目不得由施工单位垫资建设。

　　（4）加强对政府投资工程项目的管理，对建设资金来源不落实的政府投资工程项目不予批准。

　　（5）对长期拖欠工程款结算或拖欠工程款的建设单位，有关部门不得批准其新项目开工建设。

二、建设工程承包的基本规定

　　《建筑法》规定，承包建筑工程的单位应当持有依法取得的资质证书，并在其资质等级许可的业务范围内承揽工程。

三、总承包单位的责任（图3-2-1）

内部：建筑工程总承包单位按照总承包合同的约定对建设单位负责；分包单位按照分包合同约定对总承包单位负责。

外部：总承包单位和分包单位就分包工程对建设单位承担连带责任（本条基于《建筑法》的规定）。

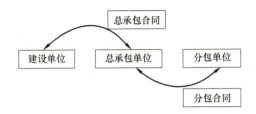

图3-2-1　建设单位、总承包和分包的合同关系

▶ 考点 2　建设工程共同承包的规定

共同承包是指由两个以上具备承包资格的单位共同组成非法人的联合体，以共同的名义对工程进行承包的行为（表 3-2-1）。

共同承包的规定　　　　　　　　　　　　　　表 3-2-1

共同承包	具体规定
适用范围	大型建筑工程或者结构复杂的建筑工程
资质	同一专业按较低，不同专业按各自
合同	联合体各方应当共同与招标人签订合同
责任承担	联合体各方应当就中标项目向招标人承担连带责任

▶ 考点 3　建设工程分包的规定

一、分包工程的范围

（1）建筑工程总承包单位可以将承包工程中的部分工程发包给具有相应资质条件的分包单位。

（2）施工总承包的，建筑工程主体结构的施工必须由总承包单位自行完成。

（3）中标人按照合同约定或者经招标人同意，可以将中标项目的部分非主体、非关键性工作分包给他人完成。

（4）中标人应当就分包项目向招标人负责，接受分包的人就分包项目承担连带责任。

（5）分包工程发包人可以就分包合同的履行，要求分包工程承包人提供分包工程履约担保；分包工程承包人在提供担保后，要求分包工程发包人同时提供分包工程付款担保的，分包工程发包人应当提供。

二、分包单位的条件与认可

（1）建筑工程总承包单位可以将承包工程中的部分工程发包给具有相应资质条件的分包单位，但是，应当依法告知建设单位并取得认可。这种认可应当依法通过两种方式：①在总承包合同中规定分包的内容；②在总承包合同中没有规定分包内容的，应当事先征得建设单位的同意。

（2）建设单位不得直接指定分包工程承包人。

（3）对于建设单位推荐的分包单位，总包单位有权作出拒绝或者采用的选择。

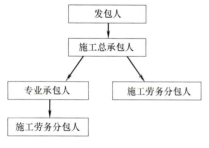

图3-2-2　分包单位不得

再分包的规定

三、分包单位不得再分包（图3-2-2）

禁止分包单位将其承包的工程再分包。

（1）专业承包单位承揽工程后不得再进行专业分包。

（2）施工劳务资质（劳务分包人）承揽工程后不得再进行劳务分包。

（3）专业承包单位可以进行一次劳务分包。

四、转包、违法分包和挂靠行为的界定（图3-2-3）

按照我国法律的规定，转包是必须禁止的，而依法实施的工程分包则是允许的。因此，违法分包同样是在法律的禁止之列。

"转包"中B是以自己名义施工，"挂靠"中B是以A的名义施工

图3-2-3　转包、违法分包与挂靠

五、发承包的禁止性规定

（一）发包有 2 个禁止

（1）禁止肢解发包（何谓肢解？设计以单项工程为最小发包单位；施工以单位工程作为最小发包单位）；

（2）禁止发包给不具有相应资质条件的单位。

（二）承包有 2 个禁止

（1）禁止挂靠和被挂靠；

（2）禁止无资质或超越资质等级承担项目。

（三）分包有 4 个禁止

（1）禁止分包给不具备相应资质条件的单位；

（2）禁止擅自分包（未经建设单位认可）；

（3）禁止主体结构分包；

（4）禁止分包再分包。

六、专业工程分包与劳务作业分包的对比（表3-2-2）

专业工程分包与劳务作业分包的对比　　　　　　表 3-2-2

	专业工程分包 （专业承包资质，36 个类别）	劳务作业分包 （施工劳务资质，不再设类别和等级）
相同点	应分包给有相应资质的分包单位	
是否需要认可	总承包合同约定或建设单位事先认可	不需要建设单位认可
分包范围	主体结构不得进行专业分包	主体结构中的劳务作业可以全部分包
是否可以 再分包	专业分包单位不得再进行专业分包	专业分包单位可以将劳务作业全部再分包

强化练习

1. ［2020 年真题］关于工程总承包项目管理的说法，正确的是（　　）。

A. 建设单位不可以自行对工程总承包项目进行管理

B. 项目的可行性研究单位不得作为项目管理单位

C. 项目工程设计、施工或者监理等单位不得作为项目管理单位

D. 项目管理单位不得与工程总承包单位具有利害关系

2. ［2020 年真题］下列情形中，不属于违法分包的是（　　）。

A. 施工总承包单位将建设工程分包给不具备相应资质条件的单位的

B. 专业承包单位将其承包工程中的劳务作业发包给劳务分包单位的

C. 施工总承包合同中未有约定，又未经建设单位认可，施工总承包单位将其承包的部分建设工程交由其他单位完成的

D. 施工总承包单位将建设工程主体结构的施工分包给其他单位的

3. ［2019 年真题］关于工程分包的说法，正确的是（　　）。

A. 分包单位应当具有相应的资质条件

B. 中标人可以将中标项目肢解后分别向他人分包

C. 专业分包工程可以再次分包

D. 分包单位就分包工程承担按份责任

4.［2019 年真题］施工企业征得建设单位同意后，将部分非主体工程分包给具有相应资质条件的分包单位。关于该工程分包行为的说法，正确的是（　　）。

A. 分包合同因指定分包而无效

B. 分包单位应当按照分包合同的约定对施工企业负责

C. 建设单位必须另行为分包工程办理施工许可证

D. 施工企业必须将分包合同报上级主管部门批准备案

5.［2018 年真题］根据《建设工程质量管理条例》，下列情形中，属于违法分包的是（　　）。

A. 施工企业将其承包的全部工程转给其他单位施工的

B. 分包单位将其承包的建设工程再分包给具有相应资质条件的施工企业的

C. 总承包单位将工程分包给具备相应资质条件的单位的

D. 施工总承包单位不履行管理义务，只向实际施工企业收取费用，主要建筑材料、构配件及工程设备的采购由其他单位实施的

6.［2017 年真题］关于联合体共同承包的说法，正确的是（　　）。

A. 联合体中标的，联合体各方就中标项目向招标人承担连带责任

B. 联合共同承包适用范围为大型且结构复杂的建筑工程

C. 两个以上不同资质等级的单位实行联合体共同承包的，应当按照资质等级高的单位的业务许可范围承揽工程

D. 联合体中标的，联合体各方应分别与招标人签订合同

7.［2017 年真题］关于工程再分包的说法，正确的是（　　）。

A. 专业分包单位可将其承包的专业工程再分包

B. 专业分包单位不得将其承包工程中的非劳务作业部分再分包

C. 劳务分包单位可以将其承包的劳务工作再分包

D. 专业分包单位可以将非主体、非关键性的工作再分包给他人

8.［2016 年真题］施工总承包单位分包工程应当经过建设单位认可，符合法律规定的认可方式有（　　）。

A. 总承包合同中约定分包的内容

B. 建设单位指定分包人

C. 总承包合同没有约定分包内容的，事先征得建设单位同意

D. 劳务分包合同由建设单位确认

E. 总承包单位在建设单位推荐的分包人中选择

参考答案

1. D；2. B；3. A；4. B；5. B；6. A；7. B；8. A、C

第三节　建筑市场信用体系建设

 学习指导

信用体系是建设工程活动中重要的评价体系，可以对施工单位及从业人员的良好和不良行为进行记录。本节主要介绍了工程建设市场信用体系建设、不良行为记录的认定标准、诚信行为的公布和奖惩机制以及市场诚信评价的基本规定。其中，不良行为记录认定标准的判断以及诚信行为的公布相对重要，是重点学习的内容。

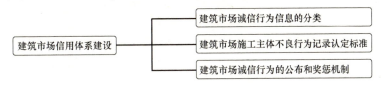

考点 1　建筑市场诚信行为信息的分类

一、基本信息
基本信息是指注册登记信息、资质信息、工程项目信息、注册执业人员信息等。

二、优良信用信息
优良信用信息是指建筑市场各方主体在工程建设活动中获得的县级以上行政机关或群团组织表彰奖励等信息。

三、不良信用信息
不良信用信息是指建筑市场各方主体在工程建设活动中违反有关法律、法规、规章或工程建设强制性标准等，受到县级以上住房和城乡建设主管部门行政处罚的信息，以及经有关部门认定的其他不良信用信息。

考点 2　建筑市场施工主体不良行为记录认定标准

建筑市场施工主体不良行为记录认定标准（表 3-3-1）。

不良行为记录的认定标准　　　　　　　　　　　表 3-3-1

分类		具体内容
资质不良	资质证书问题	（1）未取得资质证书承揽工程的，或超越本单位资质等级承揽工程的； （2）以欺骗手段取得资质证书承揽工程的； （3）未在规定期限内办理资质变更手续的； （4）涂改、伪造、出借、转让《建筑业企业资质证书》的
	借出资质	（5）允许其他单位或个人以本单位名义承揽工程的
	技术工种持证上岗	（6）按照国家规定需要持证上岗的技术工种的作业人员未经培训、考核，未取得证书上岗，情节严重的

续表

分类		具体内容
承揽业务不良	不正当手段	（1）利用向发包单位及其工作人员行贿、提供回扣或者给予其他好处等不正当手段承揽业务的； （2）相互串通投标或与招标人串通投标的，以向招标人或评标委员会成员行贿的手段谋取中标的
	借入资质	（3）以他人名义投标或以其他方式弄虚作假，骗取中标的
	违约	（4）不按照与招标人订立的合同履行义务，情节严重的
	发承包违法	（5）将承包的工程转包或违法分包的
质量不良	未按设计	（1）在施工中偷工减料的，使用不合格建筑材料、建筑构配件和设备的，或者有不按照工程设计图纸或施工技术标准施工的其他行为的； （2）未按照节能设计进行施工的
	未检验	（3）未对建筑材料、建筑构配件、设备和商品混凝土进行检测，或未对涉及结构安全的试块、试件以及有关材料取样检测的
	保修问题	（4）工程竣工验收后，不向建设单位出具质量保修书的，或质量保修的内容、期限违反规定的； （5）不履行保修义务或者拖延履行保修义务的
安全不良	24 条，一般有明显的安全字样，利用排除法选择	
拖欠工程款或工人工资不良	恶意拖欠或克扣劳动者工资	

▶ 考点 3　建筑市场诚信行为的公布和奖惩机制

一、建筑市场诚信行为的公布时限（表 3-3-2）

建筑市场诚信行为的公布时限

表 3-3-2

	一般行政处罚	招投标处理决定	良好行为记录
起点	行政处罚决定作出后 7 日内	行政处理决定作出之日起 20 个工作日内	公布期限一般为 3 年
公布的时限	不良：6 个月~3 年 （整改有实效可以缩短，最短 3 个月；拒不整改可延长）	6 个月（限制招标投标当事人资质等，长于 6 个月的，从其决定）	

二、公布的内容和范围

属于《全国建筑市场各方主体不良行为记录认定标准》范围的不良行为记录除在当地发布外，还将由住房和城乡建设部统一在全国公布，公布期限与地方确定的公布期限相同。

三、公告的变更

（1）对发布有误的信息，由发布该信息的省、自治区和直辖市建设行政主管部门进行修正，根据被曝光单位对不良行为的整改情况，调整其信息公布期限，保证信息的准确和有效。

（2）行政处罚决定经行政复议、行政诉讼以及行政执法监督被变更或被撤销，应及时变更或删除该不良记录，并在相应诚信信息平台上予以公布，同时应依法妥善处理相关事宜。

（3）行政处理决定在被行政复议或行政诉讼期间，公告部门依法不停止对违法行为记录的公告，但行政处理决定被依法停止执行的除外。原行政处理决定被依法变更或撤销的，公告部门应当及时对公告记录予以变更或撤销，并在公告平台上予以声明。

四、建筑市场诚信行为的奖惩机制

《建筑业企业资质管理规定》中规定，企业未按照本规定要求提供企业信用档案信息的，由县级以上地方人民政府住房和城乡建设主管部门或者其他有关部门给予警告，责令限期改正；逾期未改正的，可处以 1000 元以上 1 万元以下的罚款。

强化练习

1. ［2020 年真题］下列不良行为中，属于施工企业资质不良行为的是（　　）。

A. 以他人名义投标或者以其他方式弄虚作假，骗取中标的

B. 不按照与招标人订立的合同履行义务，情节严重的

C. 将承包的工程转包或者违法分包的

D. 允许其他单位或个人以本单位名义承揽工程的

2. ［2019 年真题］下列行为中，属于建设工程施工企业承揽业务不良行为的是（　　）。

A. 将承包的工程转包或违法分包

B. 拖欠工程款

C. 允许其他单位或个人以本单位名义承揽工程

D. 对建筑安全事故隐患不采取措施予以消除

3. ［2018 年真题］根据《全国建筑市场各方主体不良行为记录认定标准》，下列施工企业的行为中，属于工程安全不良行为认定标准的是（　　）。

A. 未对涉及结构安全的试块、试件以及有关材料取样检测的

B. 在施工中偷工减料的

C. 使用未经验收的施工起重机械和整体提升脚手架、模板等自升式架设设施的

D. 拖延履行保修义务的

4. ［2018 年真题］根据《建筑市场诚信行为信息管理办法》，建筑市场诚信行为记录信息的公布期限一般为（　　）。

A. 3 个月　　　　　　　　　　B. 6 个月至 3 年

C. 3 个月至 6 个月　　　　　　D. 6 个月至 1 年

5. ［2017 年真题］根据《全国建筑市场各方主体不良行为记录认定标准》，关于施工企业不良行为记录的说法，正确的是（　　）。

A. 超越本单位资质承揽工程的行为属于承揽业务不良行为

B. 工程竣工验收后，不向建设单位出具质量保证书的行为属于工程安全不良行为

C. 委托不具有相应资质的单位承担施工现场拆卸施工起重机械的行为属于资质不良行为

D. 将承包的工程转包或违法分包的行为属于承揽业务不良行为

6. [2016年真题] 按照《建筑业企业资质管理规定》，企业未按照规定要求提供企业信用档案信息的，由县级以上地方人民政府住房和城乡建设主管部门或者其他有关部门给予警告，责令限期改正；逾期未改正的，可以（　　）。

A. 降低资质等级　　　　　　　　　B. 撤回资质证书

C. 处以相应罚款　　　　　　　　　D. 吊销资质证书

参考答案

1. D；2. A；3. C；4. B；5. D；6. C

第四章

建设工程合同和劳动合同法律制度

本章近三年考情

节	年份	2018 年	2019 年	2020 年
本章近三年考试真题分值统计				（单位：分）
第一节　建设工程合同制度		7	9	7
第二节　劳动合同及劳动者权益保护制度		4	4	4
第三节　相关合同制度		5	5	5

第一节　建设工程合同制度

学习指导

　　合同是现代经济活动中非常常见的一种法律行为，同时也是建设工程活动中非常重要的一项依据。本节主要根据《合同法》展开讲解，主要介绍了合同的特征和订立原则、要约与承诺、合同的法定形式和内容、工期、工程价款的支付、赔偿损失的规定、合同的效力、合同的履行、变更、转让、终止及违约责任等。知识点细碎，考查频率很高，考生在复习时需要非常细心。

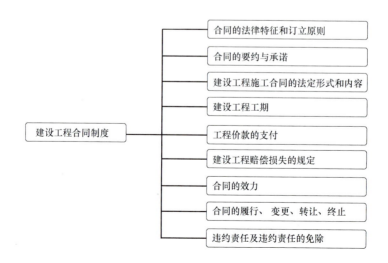

建设工程合同制度
- 合同的法律特征和订立原则
- 合同的要约与承诺
- 建设工程施工合同的法定形式和内容
- 建设工程工期
- 工程价款的支付
- 建设工程赔偿损失的规定
- 合同的效力
- 合同的履行、变更、转让、终止
- 违约责任及违约责任的免除

▶ 考点 1　合同的法律特征和订立原则

一、合同的法律特征

（1）合同是一种法律行为；

（2）合同的当事人法律地位一律平等；

（3）合同的目的性在于设立、变更、终止民事权利义务关系；

（4）合同的成立必须有两个以上当事人，且双方意思表示一致。

二、合同的订立原则（表 4-1-1）

合同的订立原则　　　　　　　　　　　　　　　　表 4-1-1

原则	内涵
平等原则	合同当事人的法律地位平等，一方不得将自己的意志强加给另一方
自愿原则	当事人依法享有自愿订立合同的权利，任何单位和个人不得非法干预
公平原则	根据公平原则确定权利义务、风险合理分配、根据公平原则确定违约责任（强调内容上公平）
诚实信用原则	订立合同时、履行合同义务时、合同终止后，都需要遵循诚实信用原则（强调行为上诚实信用）
合法原则	当事人订立、履行合同，应当遵守法律、行政法规，尊重社会公德，不得扰乱社会经济秩序，损害社会公共利益

三、合同的分类（表 4-1-2）

合同的分类　　　　　　　　　　　　　　　　表 4-1-2

合同的分类	分类依据	具体内容	举例
有名合同与无名合同	法律是否明文规定了一定合同的名称	规定：有名合同	建设工程施工合同
		未规定：无名合同	—
双务合同与单务合同	合同当事人是否互相负有给付义务	互负：双务	建设工程合同
		非互负：单务	无偿委托合同、无偿保管合同
诺成合同与实践合同	合同的成立是否需要交付标的物	不需要交付：诺成	建设工程合同、买卖合同、租赁合同
		需要交付：实践	保管合同、定金合同
要式合同与不要式合同	法律对合同的形式是否有特定要求	有特殊要求：要式	建设工程合同应当采用书面形式
		没有特殊要求：不要式	六个月以下的租赁合同
有偿合同与无偿合同	合同当事人之间的权利义务是否存在对价关系	存在：有偿	建设工程合同
		不存在：无偿	赠予合同
主合同与从合同	合同相互间的主从关系	主合同	建设工程合同
		从合同	担保合同、定金合同

四、建设工程合同

《合同法》规定，建设工程合同是承包人进行工程建设，发包人支付价款的合同。建设工程合同包括工程勘察、设计、施工合同。

▶ 考点 2　合同的要约与承诺

一、合同成立与合同生效
（一）合同成立（交易达成）

订约当事人对合同主要条款达成一致意见。

（二）合同生效（交易生效）

订约双方达成的合同条款合法有效，受到法律保护，产生了约束力。

依法成立的合同，自成立时生效，但合同另有约定的除外（附生效条件或附生效期限合同）。

二、要约
（一）要约的概念

要约是希望和他人订立合同的意思表示，如投标文件。发出要约的人称为要约人，接受要约的人称为受要约人。

（二）要约的构成要件

（1）内容具体确定。

（2）表明经受要约人承诺，要约人即受该意思表示约束。

（三）要约的法律效力

（1）要约到达受要约人时生效。

（2）要约可以撤回，但撤回要约的通知应当在要约到达受要约人之前或者与要约同时到达受要约人。

（3）要约可以撤销，但撤销要约的通知应当在受要约人发出承诺通知之前到达受要约人。

（4）有下列情形之一的，要约不得撤销：①要约人确定了承诺期限或者以其他形式明示要约不可撤销；②受要约人有理由认为要约是不可撤销的，并已经为履行合同作了准备工作。

三、要约邀请
（一）要约邀请的概念

要约邀请是希望他人向自己发出要约的意思表示。

（二）常见的要约邀请

寄送的价目表、拍卖公告、招标公告、招股说明书、商业广告等。

四、承诺
（一）承诺的概念

承诺是受要约人同意要约的意思表示，如中标通知书。

（二）承诺的方式

承诺应当以通知的方式作出，但根据交易习惯或者要约表明可以通过行为作出承诺的除外。

（三）承诺的生效

承诺通知到达要约人时生效。

（四）承诺的内容

承诺的内容应当与要约的内容一致。受要约人对要约的内容作出实质性变更的（如价款、报酬、履行期限等），为新要约。

五、要约与承诺在建设工程合同上的应用（图4-1-1）

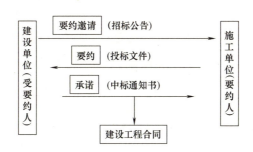

图4-1-1　要约、承诺与建设工程招投标

▶ **考点 3　建设工程施工合同的法定形式和内容**

一、建设工程施工合同的法定形式

《合同法》规定，当事人订立合同，有书面形式、口头形式和其他形式。

《合同法》明确规定，建设工程合同应当采用书面形式。

二、合同的内容与建设工程施工合同的内容（表4-1-3）

合同的内容　　　　　　　　　　　　　　　　　　表 4-1-3

合同的内容	建设工程施工合同的内容
当事人的名称或者姓名和住所	—
标的，如有形财产、无形财产、劳务、工作成果等	工程范围
数量，应选择使用共同接受的计量单位、计量方法和计量工具	—
质量，国家有强制性标准的，必须按照强制性标准执行，并可约定质量检验方法、质量责任期限与条件、对质量提出异议的条件与期限等	工程质量、质量保修范围和质量保证期

续表

合同的内容	建设工程施工合同的内容
价款或者报酬，应规定清楚计算价款或者报酬的方法	工程造价、拨款和结算
履行期限、地点和方式	建设工期、中间交工工程的开工和竣工时间、技术资料交付时间、材料和设备供应责任、竣工验收、双方相互协作等条款
违约责任，可在合同中约定定金、违约金、赔偿金额以及赔偿金的计算方法等	—
解决争议的方法	—

三、建设工程施工合同发承包双方的主要义务（表 4-1-4）

建设工程施工合同发承包双方的主要义务　　　　表 4-1-4

发包人的主要义务	承包人的主要义务
不得违法发包	不得转包和违法分包
提供必要施工条件	自行完成建设工程主体结构施工
及时检查隐蔽工程	接受发包人有关检查
及时验收工程	交付竣工验收合格的建设工程
支付工程价款	建设工程质量不符合约定的无偿修理

▶ 考点 4　建设工程工期

一、建设工程工期

工期是指在合同协议书约定的承包人完成工程所需的期限，包括按照合同约定所作的期限变更。

开工日期包括计划开工日期、实际开工日期。

概念：发包人或者监理人发出的开工通知载明的开工日期。

程序：监理人应在计划开工日期 7 天前向承包人发出开工通知。

起点：工期自开工通知中载明的开工日期起算。

争议：（1）开工通知发出后，尚不具备开工条件的，以开工条件具备的时间为开工日期；因承包人原因导致开工时间推迟的，以开工通知载明的时间为开工日期；

（2）承包人经发包人同意已经实际进场施工的，以实际进场施工时间为开工日期；

（3）发包人或者监理人未发出开工通知，亦无相关证据证明实际开工日期的，应当综合考虑开工报告、合同、施工许可证、竣工验收报告或者竣工验收备案表等载明的时间，并结合是否具备开工条件的事实，认定开工日期。

工期顺延：当事人约定顺延工期应当经发包人或者监理人签证等方式确认，承包人虽未取得工期顺延的确认，但能够证明在合同约定的期限内向发包人或者监理人申请过工期顺延且顺延事由符合合同约定，承包人以此为由主张工期顺延的，人民法院应予支持。

二、竣工日期

（一）实际工期

　　实际工期 = 实际竣工日 - 实际开工日 - 业主指令施工暂停天数 - 工期顺延天数

（二）与其他科目的异同（表 4-1-5）

竣工日期的规定　　　　　　　　　　　　　　表 4-1-5

科目	管理、实务教材	法规教材
来源	《施工合同示范文本》（2017）	最高法院《司法解释》
工程经竣工验收合格的	以承包人提交竣工验收申请报告之日为实际竣工日期，并在工程接收证书中载明	以竣工验收合格之日为竣工日期
因发包人原因拖延验收	因发包人原因，未在监理人收到承包人提交的竣工验收申请报告 42 天内完成竣工验收，或完成竣工验收不予签发工程接收证书的，以提交竣工验收申请报告的日期为实际竣工日期	承包人已经提交竣工验收报告，发包人拖延验收的，以承包人提交验收报告之日为竣工日期
工程未经竣工验收，发包人擅自使用的	以转移占有建设工程之日为竣工日期	

▶ 考点 5　工程价款的支付

一、合同条款空缺

《合同法》规定，合同生效后，当事人就质量、价款、履行地点等内容没有约定或者约定不明确的，可以协议补充；不能达成补充协议的，按照合同有关条款或者交易习惯确定；如果按照合同有关条款或交易习惯仍不能确定的，则：

（1）价款或报酬不明的，按照订立时履行地的市场价格（实行政府定价或政府指导价的，从其规定）；

（2）履行期限不明的，债务人可以随时履行，债权人也可以随时要求履行，但应当给对方必要的准备时间。

二、施工合同价款纠纷：合同约定不明的处理（图 4-1-2）

第一步　　协议补充（协定）

第二步　　合同其他条款或交易习惯（推定）

第三步　　订立时履行地市场价格（法定）

图4-1-2　施工合同价款纠纷的确定

三、欠款与垫资（表 4-1-6）

欠款与垫资的利息　　　　　　　　　　　　　　　　　表 4-1-6

	有约定	无约定
	按约定	按中国人民银行发布的同类同期贷款利率
欠款利息	欠款利息从应付工程款之日计付。无约定或约定不明： ①实际交付：交付日； ②没有交付：提交竣工结算文件之日； ③未交付也未结算：当事人起诉之日	
垫资利息	按约定，但高于中国人民银行发布的同类同期贷款利率的部分不支持	不予支持
其他规定	当事人对垫资没有约定的，按照工程欠款处理	

四、承包人工程价款的优先受偿权

（1）发包人未按约定支付价款的，承包人可以催告发包人在合理期限内支付价款。

（2）发包人逾期不支付的，除按照建设工程的性质不宜折价、拍卖的以外：

① 承包人可以与发包人协议将该工程折价。

② 也可以申请人民法院将该工程依法拍卖。

与发包人订立建设工程施工合同的承包人，请求其承建工程的价款就工程折价或者拍卖的价款优先受偿的，人民法院应予支持。装饰装修工程的承包人，请求装饰装修工程价款就该装饰装修工程折价或者拍卖的价款优先受偿的，人民法院应予支持，但装饰装修工程的发包人不是该建筑物的所有权人的除外。

建设工程质量合格，承包人请求其承建工程的价款就工程折价或者拍卖的价款优先受偿的，人民法院应予支持。

未竣工的建设工程质量合格，承包人请求其承建工程的价款就其承建工程部分折价或者拍卖的价款优先受偿的，人民法院应予支持。

承包人就逾期支付建设工程价款的利息、违约金、损害赔偿金等主张优先受偿的，人民法院不予支持。承包人行使建设工程价款优先受偿权的期限为 6 个月，自发包人应当给付建设工程价款之日起算。

（3）承包人就逾期支付建设工程价款的利息、违约金、损害赔偿金等主张优先受偿的，人民法院不予支持。

（4）承包人行使建设工程价款优先受偿权的期限为 6 个月，自发包人应当给付建设工程价款之日起算。

▶ 考点 6　建设工程赔偿损失的规定

一、赔偿损失的概念

合同违约方因不履行或者不完全履行合同义务而给对方造成的损失，依法或依据合同约定赔偿对方所蒙受损失的一种违约责任形式。

二、承担赔偿损失的构成要件

（1）具有违约行为；

（2）造成损失后果；

（3）违约行为与财产等损失之间有因果关系；

（4）违约人有过错，或者虽无过错，但法律规定应当赔偿。

三、赔偿损失的范围（表 4-1-7）

赔偿损失的范围　　　　　　　　　　　表 4-1-7

赔偿损失	具体内容
数额	相当于违约所造成的损失
	包括合同履行后可以获得的利益，但不得超过违反合同一方订立合同时预见到或者应当预见到的损失
范围	直接损失：财产的直接减少
	间接损失：失去的可以预期取得的利益

四、约定赔偿损失与法定赔偿损失（表 4-1-8）

约定赔偿损失与法定赔偿损失　　　　　　　表 4-1-8

赔偿损失	具体内容
约定赔偿损失	当事人可以约定违约时一定数额的违约金，也可以约定因违约造成的损失赔偿额的计算方法
	约定的违约金＜造成的损失，当事人可以请求人民法院或者仲裁机构予以增加
	约定的违约金＞（过分高于）造成的损失，当事人可以请求人民法院或者仲裁机构予以适当减少
法定赔偿损失	根据法律规定的赔偿范围、损失计算原则与标准，确定赔偿损失的金额
法定赔偿损失是主要形式，约定是为了弥补法定的，原则上约定优先于法定	

五、赔偿损失的限制

（一）赔偿损失的可预见性原则

赔偿损失 = 直接损失 + 可得利益（间接损失）≤违约方订立时的合理预见范围。意外损失不赔，只赔意料中的。

（二）采取措施防止损失的扩大

非违约方的减损义务：当事人一方违约后，对方应当采取适当措施防止损失的扩大；没有采取适当措施致使损失扩大的，不得就扩大的损失要求赔偿。当事人因防止损失扩大而支出的合理费用，由违约方承担。

六、建设单位施工合同中的赔偿损失（表4-1-9）

发包人和承包人应承担的赔偿损失　　　　　表4-1-9

发包人应承担的赔偿损失	承包人应当承担的赔偿损失
（1）未及时检查隐蔽工程造成的损失；	（1）转让、出借资质证书等造成的损失；
（2）未按照约定提供原材料、设备等造成的损失；	（2）转包、违法分包造成的损失；
（3）因发包人原因致使工程中途停建、缓建造成的损失；	（3）偷工减料等造成的损失；
（4）提供图纸或者技术要求不合理且怠于答复等造成的损失；	（4）与监理单位串通造成的损失；
（5）中途变更工作要求造成的损失；	（5）不履行保修义务造成的损失；
（6）要求压缩合同约定工期造成的损失；	（6）保管不善造成的损失；
（7）验收违法行为造成的损失	（7）合理使用期限内造成的损失

▶ 考点 7　合同的效力

一、无效合同

（一）无效合同的特征

（1）具有违法性；

（2）具有不可履行性；

（3）自订立之时就不具有法律效力。

（二）无效合同的类型

（1）一方以欺诈、胁迫的手段订立合同，损害国家利益；

（2）恶意串通，损害国家、集体或者第三人利益；

（3）以合法形式掩盖非法目的；

（4）损害社会公共利益；

（5）违反法律、行政法规的强制性规定。

（三）无效的免责条款

《合同法》规定，合同中的下列免责条款无效：

（1）造成对方人身伤害的；

（2）因故意或者重大过失造成对方财产损失的。

（四）建设工程无效施工合同的主要情形

建设工程施工合同具有下列情形之一的，应当认定无效（因违反法律、行政法规的强制性规定而无效）：（1）承包人未取得建筑施工企业资质或者超越资质等级的；（2）没有资质的实际施工人借用有资质的建筑施工企业名义的；（3）建设工程必须进行招标而未招标或者中标无效的；（4）承包人非法转包、违法分包建设工程或者没有资质的实际施工人借用有资质的建筑施工企业名义与他人签订建设工程施工合同的行为无效。

（五）无效合同的法律后果

《合同法》无效合同或者被撤销的合同<u>自始</u>没有法律约束力，合同部分无效不影响其他部分效力的，<u>其他部分仍然有效</u>。

（1）合同无效或者被撤销后，因该合同取得的财产，应当予以返还；

（2）不能返还或者没有必要返还的，应当折价补偿；

（3）有过错的一方应当赔偿对方因此所受到的损失，双方都有过错的，应当各自承担相应的责任。

（六）无效施工合同的工程价款结算（表 4-1-10）

无效施工合同的工程价款结算　　　　　　表 4-1-10

合同	建设工程		处理
无效	竣工验收合格		参照合同约定支付工程款
	竣工验收不合格	修复后合格	发包人请求承包人承担修复费用的，应予支持
		修复后不合格	承包人请求支付工程价款的，不予支持

二、效力待定合同

（一）效力待定合同的概念

效力待定合同是指合同虽然已经成立，但因其不完全符合有关生效要件的规定，其合同效力能否发生尚未确定，一般须经有权人表示承认才能生效。

（二）效力待定合同的类型

（1）限制行为能力人订立的合同

限制民事行为能力人订立的合同，经法定代理人追认后，该合同有效，但纯获利益的合同或者与其年龄、智力、精神健康状况相适应而订立的合同，不必经法定代理人追认。

（2）无权代理人订立的合同

相对人可以催告被代理人在 <u>1 个月内</u>予以追认。被代理人未作表示的，视为拒绝追认。

（3）无权处分行为

无处分权的人处分他人财产，经权利人追认或者无处分权的人订立合同后取得处分权的，该合同有效。

三、可撤销合同

（一）可撤销合同的概念

因意思表示不真实，通过有撤销权的机构行使撤销权，使已经生效的意思表示归于无效的合同。

（二）可撤销合同的种类

（1）因重大误解订立的；

（2）在订立合同时显失公平的；

（3）一方以欺诈、胁迫的手段（未损害国家利益）或者乘人之危，使对方在违背真实意思的情况下订立的合同（一方以欺诈、胁迫的手段损害国家利益订立的合同是无效合同，注意区分）。

（三）合同撤销权的行使

有下列情形之一的，撤销权消灭：

（1）具有撤销权的当事人自知道或者应当知道撤销事由之日起一年内没有行使撤销权（向人民法院或者仲裁机构申请撤销）；

（2）具有撤销权的当事人知道撤销事由后明确表示或者以自己的行为放弃撤销权。

（四）被撤销合同的法律后果

（1）无效的合同或者被撤销的合同自始没有法律约束力；

（2）合同部分无效，不影响其他部分效力的，其他部分仍然有效；

（3）合同无效、被撤销或者终止的，不影响合同中独立存在的有关解决争议方法的条款的效力。

▶ 考点 8　合同的履行、变更、转让、终止

一、合同的履行

合同生效后，当事人不得因姓名、名称的变更或者法定代表人、负责人、承办人的变动而不履行合同义务。

二、合同的变更

（1）合同的变更须经当事人双方协商一致；

（2）合同变更须遵循法定的程序；

（3）对合同变更内容约定不明确的，推定为未变更。

三、合同权利义务的转让

（一）合同权利的转让

（1）合同权利的转让范围：债权人可以将合同的权利全部或者部分转让给第三人，但有下列情形之一的除外：①根据合同性质不得转让；②按照当事人约定不得转让；③依照法律规定不得转让。

（2）合同权利的转让应当通知债务人（不需要债务人同意，但未经通知，该转让对债务人不发生效力）。

（3）债务人对让与人的抗辩：债务人接到债权转让通知后，债务人对让与人的抗辩，可以向受让人主张。

（4）从权利随主权利转让：债权人转让权利的，受让人取得与债权有关的从权利，但该从权利专属于债权人自身的除外。

（二）合同义务的转让

债务人将合同的义务全部或者部分转移给第三人的，应当经债权人同意。

（三）合同中权利和义务的一并转让（概括转让）

需经对方当事人同意。

四、合同的终止

（一）合同终止的情形

有下列情形之一的，合同的权利义务终止：（1）债务已经按照约定履行；（2）合同解除；（3）债务相互抵消；（4）债务人依法将标的物提存；（5）债权人免除债务；（6）债权债务同归于一人；（7）法律规定或者当事人约定终止的其他情形。

（二）合同解除的种类

合同解除（取消交易、退钱退货）（类似于婚姻解除）：（1）法定解除（符合法定条件）：通知到达对方时，合同即解除；（2）协商解除（不符合法定条件）：只有对方同意时，合同才能解除。

（三）法定解除合同的种类（表 4-1-11）

法定解除合同的种类　　　　　　　　　　　　表 4-1-11

关键词	法定合同解除的种类
不能实现合同目的	因不可抗力致使不能实现合同目的
	当事人一方延迟履行债务或者有其他违约行为致使不能实现合同目的
主要债务	在履行期限届满之前，当事人一方明确表示或者以自己的行为表明不履行主要债务
	当事人一方延迟履行主要债务，经催告后在合理期限内仍未履行

（四）解除合同的程序

（1）一方主张解除合同的，应通知对方；

（2）合同自通知到达对方时解除；

（3）对方有异议的，可以请求法院或者仲裁机构确认解除合同的效力；

（4）法律规定应办理批准、登记手续的，应办理；

（5）当事人对异议期限有约定的从其约定，无约定的，最长为 3 个月。

（五）施工合同的解除（表 4-1-12）

施工合同的解除　　　　　　　　　　　　表 4-1-12

发包人解除施工合同（承包人有下列情形）	承包人解除（发包人不作为且催告仍然不作为）
（1）明确表示或者以行为表明不履行合同主要义务的	（1）未按约定支付工程价款的
（2）合同约定的期限内没有完工，且在发包人催告的合理期限内仍未完工的	（2）提供的主要建筑材料、建筑构配件和设备不符合强制性标准的

续表

发包人解除施工合同（承包人有下列情形）	承包人解除（发包人不作为且催告仍然不作为）
（3）已经完成的建设工程质量不合格，并拒绝修复的	（3）不履行合同约定的协助义务的
（4）将承包的建设工程非法转包、违法分包的	—

（六）施工合同解除的法律后果（表4-1-13）

施工合同解除的法律后果　　表4-1-13

合同	建设工程		处理
解除	竣工验收合格		参照合同约定支付工程款
	竣工验收不合格	修复后合格	发包人请求承包人承担修复费用的，应予支持
		修复后不合格	承包人请求支付工程价款的，不予支持

▶ 考点 9　违约责任及违约责任的免除

一、违约责任的概念

违约责任，是指合同当事人因违反合同义务所承担的责任。

二、当事人承担违约责任应具备的条件

当事人一方明确表示或者以自己的行为表明不履行合同义务的，对方可以在履行期限届满之前要求其承担违约责任。

三、承担违约责任的种类（图4-1-3）

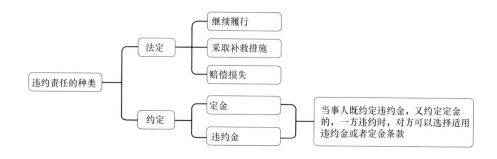

图4-1-3　承担违约责任的种类

四、违约责任的免除

（一）约定免责

合同中有约定免除责任的情形时，依照约定。但应注意到：（1）造成对方人身伤害的免责条款无效；（2）故意或重大过失造成对方财产损失的免责条款无效。

（二）法定免责

因不可抗力不能履行合同的，根据影响，全部或部分免责。但当事人迟延履行后发生不可抗力的，不能免除责任。

（三）遭遇不可抗力一方的义务

当事人一方因不可抗力不能履行合同的，应当及时通知对方（合同相对方），以减轻可能给对方造成的损失，并应当在合理期限内提供证明。

强化练习

1. ［2020 年真题］根据《最高人民法院关于审理建设工程施工合同纠纷案件适用法律问题的解释》，当事人对付款时间没有约定或者约定不明的，下列时间视为应付款时间的是（　　）。

A. 建设工程已实际交付的，为竣工验收合格之日

B. 建设工程已实际交付的，为提交竣工结算文件之日

C. 建设工程未交付，工程价款也未结算的，为当事人起诉之日

D. 建设工程未交付的，为竣工结算完成之日

2. ［2020 年真题］下列建设工程施工合同中，属于无效合同的是（　　）。

A. 工程价款支付条款显失公平的合同

B. 发包人对投标文件有重大误解订立的合同

C. 依法必须进行招标的项目存在中标无效情形的合同

D. 承包人以胁迫手段订立的施工合同

3. ［2020 年真题］关于建设工程施工合同解除的说法，正确的是（　　）。

A. 合同约定的工期内承包人没有完工，发包人可以解除合同

B. 发包人未按合同约定支付工程价款，承包人可以解除合同

C. 承包人将承包的工程转包，发包人可以解除合同

D. 承包人已经完工的建设工程质量不合格，发包人可以解除合同

4. ［2020 年真题］根据《最高人民法院关于审理建设工程施工合同纠纷案件适用法律问题的解释》，下列情形中，发包人可以请求人民法院解除建设工程施工合同的有（　　）。

A. 承包人明确表示不履行合同主要义务的

B. 承包人已经完成的建设工程质量不合格，并拒绝修复的

C. 承包人将承包的建设工程转包的

D. 承包人在合同约定的期限内没有完工的

E. 承包人将承包的建设工程违法分包的

5. ［2020 年真题］根据《最高人民法院关于审理建设工程施工合同纠纷案件适用法律问题的解释（二）》，关于建设工程合同承包人工程价款优先受偿权的说法，正确的有（　　）。

A. 未竣工的建设工程质量合格，承包人请求其承建工程的价款就其承建工程部分折价或者拍卖的价款优先受偿的，人民法院不予支持

B. 装饰装修工程的承包人就该装饰装修工程折价或者拍卖的价款享有优先受偿权

C. 承包人行使建设工程价款优先受偿权的期限为 6 个月

D. 承包人行使建设工程价款优先受偿权的期限自发包人应当给付建设工程价款之日起算

E. 承包人工程价款优先受偿权不得放弃

6. [2019 年真题] 建设工程施工合同中违约责任的主要承担方式有（　　）。

A. 返还财产　　　　　　　　　　　　B. 修理

C. 赔偿损失　　　　　　　　　　　　D. 继续履行

E. 消除危险

7. [2019 年真题] 关于违约金的说法，正确的有（　　）。

A. 支付违约金是一种民事责任的承担方式

B. 约定的违约金低于造成的损失的，当事人可以请求人民法院或者仲裁机构予以增加

C. 违约方支付违约金后，非违约方有权要求其继续履行

D. 当事人既约定违约金又约定定金的，一方违约时，对方可以同时适用违约金条款和定金条款

E. 约定的违约金过分高于造成的损失的，当事人可以请求人民法院或者仲裁机构予以适当减少

8. [2019 年真题] 项目建设完工后，施工企业已经提交竣工验收报告，但建设单位未按预期组织竣工验收，当事人对建设工程实际竣工日期有争议的，该项目的竣工日期（　　）。

A. 相应顺延　　　　　　　　　　　B. 以施工企业提交竣工验收报告之日为准

C. 以合同约定计划竣工日期为准　　　D. 以实际通过竣工验收之日为准

9. [2018 年真题] 某施工合同约定，工程通过竣工验收后 2 个月内，结清所有工程款。2017 年 9 月 1 日工程通过竣工验收，但直到 2017 年 9 月 20 日施工企业将工程移交建设单位，之后建设单位一直未支付工程余款。2018 年 5 月 1 日，施工企业将建设单位起诉至人民法院，要求其支付工程欠款及利息，则利息起算日为（　　）。

A. 2017 年 9 月 21 日　　　　　　　B. 2017 年 11 月 21 日

C. 2018 年 5 月 2 日　　　　　　　　D. 2017 年 11 月 2 日

10. [2018 年真题] 某工程施工中某水泥厂为施工企业供应水泥，延迟交货一周，延迟交货导致施工企业每天损失 0.4 万元，第一天晚上施工企业为减少损失，采取紧急措施共花费 1 万元，使剩余 6 天共损失 0.7 万元。则水泥厂因违约应向施工企业赔偿的损失为（　　）。

A. 1.1 万元　　　　B. 1.7 万元　　　　C. 2.1 万元　　　　D. 2.8 万

11. [2018 年真题] 根据《最高人民法院关于审理建设工程施工合同纠纷案件适用法律问题的解释》，对建设工程实际竣工日期确定的说法，正确的有（　　）。

A. 建设工程整改后竣工验收合格的，以提交竣工验收申请报告的日期为竣工日期

B. 建设工程竣工验收合格的，以竣工验收合格之日为竣工日期

C. 承包人已经提交竣工验收报告，发包人拖延验收的，以承包人提交验收报告之日为竣工日期

D. 建设工程未经竣工验收，发包人擅自使用的，以工程完工日期为竣工日期

E. 建设工程未经竣工验收，发包人擅自使用的，以转移占有建设工程之日为竣工日期

12. [2018 年真题] 下列施工合同履行过程中发生的情形中，当事人可以解除合同的有（　　）。

A. 建设单位延期支付工程款，经催告后同意

B. 未经建设单位同意施工企业擅自更换了现场技术员的

C. 施工企业已完成的建设工程质量不合格，并拒绝修复的

D. 施工过程中，施工企业不满建设单位的指令，将全部工人和施工机械撤离现场，并开始了其他工程建设的

E. 施工企业施工组织不力，导致工期一再延误，使该工程项目已无投产价值的

13. [2017 年真题] 2017 年 3 月 1 日甲施工企业向乙钢材商发出采购单购买一批钢材。要求乙在 3 月 5 日前承诺。3 月 1 日，乙收到甲的采购单，3 月 2 日，甲再次发函至乙取消本次采购。乙收到两份函件后，3 月 4 日，乙发函至甲表示同意履行 3 月 1 日的采购单。关于该案的说法，正确的是（　　）。

A. 甲 3 月 2 日的行为属于要约邀请　　　B. 乙 3 月 4 日的行为属于新要约

C. 甲的要约已经撤销　　　　　　　　　D. 甲乙之间买卖合同成立

14. [2017 年真题] 根据《最高人民法院关于审理建设工程施工合同纠纷案件适用法律问题的解释》。关于解决工程价款结算争议的说法，正确的是（　　）。

A. 欠付工程款的利息从当事人起诉之日起算

B. 当事人约定垫资利息，承包人请求按照约定支付利息的，不予支持

C. 建设工程承包人行使优先权的期限自转移占有建设工程之日起计算

D. 当事人对欠付工程款利息计付标准没有约定的，按照中国人民银行发布的同期同类贷款利率计息

15. [2017 年真题] 乙施工企业租用甲建设单位的设备后擅自将该设备出售给了丙公司，甲知悉此事后，与乙商议以该设备的转让价格抵消了部分工程款。关于乙丙之间设备买卖合同效力的说法，正确的是（　　）。

A. 效力待定　　　B. 有效　　　C. 部分有效　　　D. 可撤销

16. [2017 年真题] 乙施工企业向甲建设单位主张支付工程款，甲以工程质量不合格为由拒绝支付，乙将其工程款的债权转让给丙并通知了甲。丙向甲主张该债权时，甲仍以质量原因拒绝支付。关于该案中债权转让的说法，正确的是（　　）。

A. 乙的债权属于法定不得转让的债权

B. 甲可以向丙行使因质量原因拒绝支付的抗辩

C. 乙转让债权应当经过甲同意

D. 乙转让债权的通知可以不用通知甲

17. ［2017年真题］建设工程施工合同无效，将会产生的法律后果（　　　）。

A. 折价补偿　　　　　　　　　　　B. 赔偿损失

C. 合同解除　　　　　　　　　　　D. 继续履行

E. 支付违约金

18. ［2017年真题］下列施工合同中，属于可撤销合同的有（　　　）。

A. 施工合同订立时，工程款支付条款显失公平

B. 另行签订的与备案中标合同的实质性内容不一致

C. 承包人对合同的价款有重大误解的

D. 发包人胁迫承包人签订的

E. 承包人将部分工程违法分包的

19. ［2016年真题］甲公司以国产设备为样品，谎称进口设备，与乙施工企业订立设备买卖合同后乙施工企业知悉实情。关于该合同争议处理的说法，正确的有（　　　）。

A. 若买卖合同被撤销后，有关争议解决条款也随之无效

B. 乙施工企业有权自主决定是否行使撤销权

C. 乙施工企业有权自合同订立之日起1年内主张撤销该合同

D. 该买卖合同被法院撤销后，则该合同自始没有法律约束力

E. 乙施工企业有权自知道设备为国产之日起1年内主张撤销该合同

20. ［2016年真题］下列合同中，属于实践合同的是（　　　）。

A. 保管合同　　　　B. 运输合同　　　　C. 租赁合同　　　　D. 建设工程合同

参考答案

1. C；2. C；3. C；4. A、B、C、E；5. C、D；6. C、D；7. A、B、C、E；8. B；9. D；10. C；11. B、C、E；12. C、D、E；13. D；14. D；15. B；16. B；17. A、B；18. A、C、D；19. B、D、E；20. A

第二节　劳动合同及劳动者权益保护制度

 学习指导

劳动合同主要涉及《劳动法》和《劳动合同法》，与我们的工作生活息息相关。本节介绍

了劳动合同的订立、履行和变更、解除和终止、劳务派遣、劳动者的工作时间和休息休假、工资、女职工和未成年工的特殊保护、劳动争议等方方面面的内容，与我们的生活息息相关。考生在学习时，可以结合实践来进行掌握。本节内容记忆量不大，主要需要考生理解。

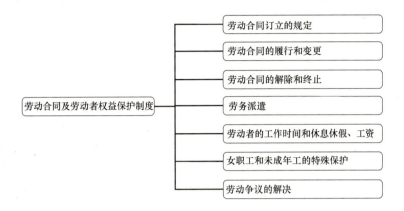

▶ 考点 1　劳动合同订立的规定

一、订立劳动合同的原则

用人单位招用劳动者，不得要求劳动者提供担保，不得以其他名义向劳动者收取财物，不得扣押劳动者身份证或其他证件。

二、劳动合同的种类（表 4-2-1、表 4-2-2）

劳动合同的种类　　　　　　　　　　　　　　　　　　　表 4-2-1

劳动合同的种类	内容
固定期限劳动合同	用人单位与劳动者约定合同终止时间的劳动合同。如 1 年、2 年、5 年、10 年甚至更长
无固定期限劳动合同	用人单位与劳动者约定无确定终止时间的劳动合同
以完成一定工作任务为期限的劳动合同	用人单位与劳动者约定以某项工作的完成为合同期限的劳动合同

无固定期限劳动合同的情形　　　　　　　　　　　　　　表 4-2-2

	法定情形	法律后果
协商订立	—	—
应当订立	劳动者在该用人单位连续工作满十年的	用人单位违反规定，不与劳动者订立无固定期限劳动合同的，自应当订立之日起向劳动者支付双倍工资
	用人单位初次实行劳动合同制度或者国有企业改制重新订立劳动合同时，劳动者在该用人单位连续工作满十年且距法定退休年龄不足十年的	
	已连续订立两次固定期限劳动合同，续订劳动合同的	
视为订立	用人单位自用工之日起满 1 年不与劳动者订立书面劳动合同的	—

三、劳动合同的基本条款（表 4-2-3）

劳动合同的基本条款　　　　　　　　　　　　表 4-2-3

应当具备≈必须有	可以约定≈可以不约定
用人单位的名称、住所地和法定代表人或者主要负责人	—
劳动者的姓名、住址和居民身份证或者其他有效身份证件号码	—
劳动合同期限	试用期
工作内容和工作地点	培训
工作时间和休息休假	保守秘密
劳动报酬	福利待遇
社会保险	补充保险
劳动保护、劳动条件和职业危害防护	—

四、订立劳动合同应当注意的事项和集体合同

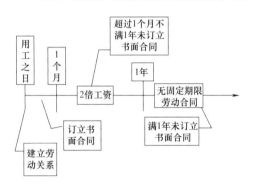

图4-2-1　建立劳动关系的过程

（一）建立劳动关系即应订立劳动合同

建立劳动关系的过程（图 4-2-1）。

（1）用人单位自用工之日起即与劳动者建立劳动关系。

（2）建立劳动关系，应当订立书面劳动合同。已建立劳动关系，未同时订立书面劳动合同的，应当自用工之日起1个月内订立书面劳动合同。

（3）劳动合同文本由用人单位和劳动者各执一份。

（二）劳动报酬和试用期（表 4-2-4、图 4-2-2）

劳动报酬和试用期的规定　　　　　　　　　　表 4-2-4

劳动合同	试用期	试用期工资	次数	其他
一定工作任务为目标或不满3个月	0	不得低于本单位相同岗位最低档工资或合同约定工资的80%，且不得低于当地最低工资标准	0	试用期包含在劳动合同期限内，劳动合同仅约定试用期的，试用期不成立
3个月以上不满1年	1个月		1次	
1年以上不满3年	2个月			
3年以上固定期限和无固定期限	6个月			

图4-2-2　试用期的规定

（三）劳动合同的生效与无效

1. 劳动合同的生效

劳动合同自双方在合同文本签字或盖章时生效。

2. 劳动合同的无效或部分无效：

（1）以欺诈、胁迫的手段或者乘人之危，使对方在违背其真实意思的情况下订立或者变更劳动合同的；

（2）用人单位免除自己的法定责任、排除劳动者权利的；

（3）违反法律、行政法规强制性规定的。

3. 劳动合同无效的后果

劳动合同无效，劳动者已付出劳动的，用人单位应当向劳动者支付劳动报酬（参照本单位相同或相近岗位劳动者报酬）。对劳动合同效力有争议的，由劳动仲裁机构或法院确认。

（四）集体合同

（1）集体合同由工会（代表职工一方）与用人单位订立。

（2）集体合同订立后，应当报送劳动行政部门；劳动行政部门自收到集体合同文本之日起15日内未提出异议的，集体合同即行生效。

（3）因履行集体合同发生争议的，工会是申请仲裁、诉讼的主体。

▶ 考点 2　劳动合同的履行和变更

一、劳动合同的履行

（一）用人单位应当履行向劳动者支付劳动报酬的义务

（1）用人单位应当按照劳动合同约定和国家规定，向劳动者及时足额支付劳动报酬。

（2）用人单位拖欠或者未足额支付劳动报酬的，劳动者可以依法向当地人民法院申请支付令，人民法院应当依法发出支付令。

（二）依法限制用人单位安排劳动者的加班

用人单位安排加班的，应当按照国家有关规定向劳动者支付加班费。

（三）劳动者有权拒绝违章指挥、冒险作业

劳动者拒绝用人单位管理人员违章指挥、强令冒险作业的，不视为违反劳动合同。

（四）用人单位发生变动不影响劳动合同的履行

（1）用人单位变更名称、法定代表人、主要负责人或者投资人等事项，不影响劳动合同的履行。

（2）用人单位发生合并或者分立等情况，原劳动合同继续有效，劳动合同由承继其权利和义务的用人单位继续履行。

二、劳动合同的变更

（1）用人单位与劳动者协商一致，可以变更劳动合同约定的内容。

（2）变更劳动合同，应当采用书面形式。变更后的劳动合同文本由用人单位和劳动者各执一份。

▶ 考点 3　劳动合同的解除和终止

一、劳动合同的解除

（一）劳动者可以单方解除劳动合同的规定（表 4-2-5）

劳动者单方解除劳动合同的情形　　　　　　　　　　　　　　　表 4-2-5

提前通知解除（无经济补偿）	随时通知解除（用人单位有法定过错行为、侵害劳动者权益的六种情况下，允许劳动者行使随时解除权，并且可以主张经济补偿）	立即解除（不需事先告知用人单位。劳动者可以主张经济补偿）
用人单位无过错时，劳动者解除劳动合同应提前 30 日以书面形式通知单位（试用期内应提前 3 日通知）	（1）用人单位未按照劳动合同约定提供劳动保护或者劳动条件的； （2）用人单位未及时足额支付劳动报酬的； （3）用人单位未依法为劳动者缴纳社会保险费的； （4）用人单位的规章制度违反法律、法规的规定，损害劳动者权益的； （5）用人单位以欺诈、胁迫的手段或者乘人之危，使劳动者在违背真实意思的情况下订立或者变更劳动合同的； （6）用人单位在劳动合同中免除自己的法定责任、排除劳动者权利的	（1）用人单位以暴力、威胁或者非法限制人身自由的手段强迫劳动者劳动的； （2）用人单位违章指挥、强令冒险作业危及劳动者人身安全的

（二）用人单位可以单方解除劳动合同的规定（表 4-2-6）

用人单位单方解除劳动合同的情形　　　　　　　　　　　　　　表 4-2-6

随时解除（劳动者有过错）	预告解除（劳动者无过错）（提前 30 天通知劳动者 /额外支付劳动者 1 个月工资）
（1）试用期被证明不符合录用条件； （2）严重违反单位规章制度； （3）严重失职，营私舞弊，给单位利益造成重大损害； （4）与其他单位同时建立劳动关系，对本单位工作造成严重影响，或经用人单位提出，拒不改正的； （5）以欺诈胁迫手段或乘人之危与单位订立劳动合同致使合同无效的； （6）被依法追究刑事责任	（1）患病或非因工负伤，规定的医疗期满不能从事原工作，也不能从事另外安排的工作； （2）不能胜任工作，经培训或调岗仍不能胜任； （3）客观情况发生重大变化致使劳动合同无法履行，经协商仍不能变更劳动合同内容

（三）用人单位经济性裁员的规定和不得解除劳动合同的情形

（1）经济性裁员的概念

经济性裁员是指用人单位由于经营不善等经济原因，一次性辞退部分劳动者的情形。经济性裁员仍属用人单位单方解除劳动合同。

（2）经济性裁员优先留用的劳动者和不得解除合同的劳动者：①长期劳动合同；②无固定期限劳动合同；③家庭无其他就业人员，有需要抚养的老人或未成年人。

（四）用人单位不得解除劳动合同的情形

劳动者有下列情形之一的，用人单位不得解除劳动合同：（1）职业危害作业劳动者未做离岗体检的；（2）在本单位因工负伤或患上职业病，丧失劳动能力；（3）患病或非因工负伤，在医疗期内；（4）女职工在孕期、产期、哺乳期；（5）在本单位连续工作满 15 年，且距退休年龄不到 5 年。

二、劳动合同的终止

有下列情形之一的，劳动合同终止：（1）劳动合同期满的；（2）劳动者开始依法享受基本养老保险待遇的；（3）劳动者死亡，或者被人民法院宣告死亡或者宣告失踪的；（4）用人单位被依法宣告破产的；（5）用人单位被吊销营业执照、责令关闭、撤销或者用人单位决定提前解散的；（6）法律、行政法规规定的其他情形。

三、职工因工伤致残相应的规定（表 4-2-7）

工伤致残的等级及规定　　　　　　　　　表 4-2-7

伤残等级	劳动能力	处理
1~4 级伤残	丧失劳动能力	保留劳动关系，退出工作岗位
5~6 级伤残	大部分丧失劳动能力	保留与用人单位的劳动关系，由用人单位安排适当工作，难以安排工作的，由用人单位按月发给伤残津贴；也可以经工伤职工本人提出，该职工可以与用人单位解除或者终止劳动关系
7~10 级伤残	部分丧失劳动能力	劳动合同期满终止

四、终止劳动合同的经济补偿（表 4-2-8、表 4-2-9）

终止劳动合同的经济补偿的规定　　　　　　表 4-2-8

合同解除	过错方	有无经济补偿
协商解除	劳动者先提出	无经济补偿
	单位先提出	有经济补偿
劳动者辞职	单位无过错	预告解除，无经济补偿
	单位有过错	随时通知解除或无通知解除，有经济补偿
单位辞退劳动者	劳动者无过错（经济性裁员）	预告解除，支付经济补偿
	劳动者有过错	随时解除，无须支付经济补偿

经济补偿的计算：经济补偿按劳动者在本单位工作的年限，每满一年支付一个月工资的标准向劳动者支付。六个月以上（包括六个月）不满一年的，按一年计算；不满六个月的，

向劳动者支付半个月工资的经济补偿。

劳动者月工资高于用人单位所在直辖市、设区的市级人民政府公布的本地区上年度职工月平均工资三倍的，向其支付经济补偿的标准按职工月平均工资三倍的数额支付，向其支付经济补偿的年限最高不超过十二年（图4-2-3）。

本条所称月工资是指劳动者在劳动合同解除或者终止前十二个月的平均工资。

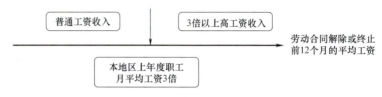

图 4-2-3　经济补偿的计算

解除劳动合同的经济补偿　　　　　　　　　　　　表 4-2-9

劳动合同的解除方式	经济补偿的计算
合法解除 / 终止	经济补偿按上文计算（随时解除除外）
违法解除 / 终止	赔偿金 = 经济补偿 ×2

▶ 考点 4　劳务派遣

一、劳务派遣的用工关系（图4-2-4）

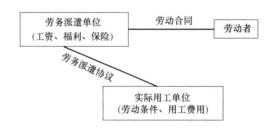

图 4-2-4　劳务派遣的用工关系

（1）派遣单位向劳动者支付工资、福利及社会保险费用；

（2）实际用工单位提供劳动条件并按照劳务派遣协议支付用工费用。

二、劳务派遣单位（表4-2-10）

劳务派遣单位的规定　　　　　　　　　　　　表 4-2-10

劳务派遣单位	具体规定
条件	（1）注册资本不得少于人民币200万元； （2）有与开展业务相适应的固定的经营场所和设施； （3）有符合法律、行政法规规定的劳务派遣管理制度； （4）法律、行政法规规定的其他条件

续表

劳务派遣单位		具体规定
许可		经营劳务派遣业务，应当向劳动行政部门依法申请行政许可。经许可的，依法办理相关的公司登记。未经许可，任何单位和个人不得经营劳务派遣业务
范围	临时性	存续时间不超过6个月的岗位
	辅助性	为主营业务岗位提供服务的非主营业务岗位
	替代性	用工单位的劳动者因脱产学习、休假等原因无法工作的一定期间内，可以由其他劳动者替代工作的岗位

三、劳动合同与劳务派遣协议

（一）劳务派遣协议

劳务派遣单位派遣劳动者应当与接受以劳务派遣形式用工的单位（以下称用工单位）订立劳务派遣协议。

（二）劳动合同

劳务派遣单位与被派遣劳动者订立的劳动合同。

四、被派遣劳动者的规定（表4-2-11）

被派遣劳动者的规定　　　　　　　　表4-2-11

被派遣劳动者	具体内容
劳动合同	劳务派遣单位应当与被派遣劳动者订立2年以上的固定期限劳动合同，按月支付劳动报酬
	被派遣劳动者在无工作期间，劳务派遣单位应当按照所在地人民政府规定的最低工资标准，向其按月支付报酬
薪酬	被派遣的劳动者享有与用工单位劳动者同工同酬的权利。无相同岗位的，参照相近
培训	用工单位对在岗被派遣劳动者进行工作岗位所必需的培训
工伤认定	被派遣劳动者在用工单位因工作遭受事故伤害的，劳务派遣单位应当依法申请工伤认定，用工单位应当协助工伤认定的调查核实工作

▶ 考点 5 劳动者的工作时间和休息休假、工资

一、工作时间

（1）《劳动法》第36条、第38条规定，国家实行劳动者每日工作时间不超过8小时、平均每周工作时间不超过44小时的工时制度。用人单位应当保证劳动者每周至少休息1日。

（2）其他工作办法：缩短工作日、不定时工作日（如高级管理人员、销售等）、综合计算工作日（如交通、铁路等部门）、计件工资时间。

二、休息休假

（一）休息休假（表 4-2-12）

休息休假　　　　　　　　　　　　　　　　　　表 4-2-12

休息休假	假期
用人单位在下列节日期间应当依法安排劳动者休假	（1）元旦； （2）春节； （3）国际劳动节； （4）国庆节； （5）法律、法规规定的其他休假节日
法律、法规规定的其他休假节日	全体公民放假的节日是清明节、端午节和中秋节；部分公民放假的节日及纪念日是妇女节、青年节、儿童节、中国人民解放军建军纪念日
年假	劳动者连续工作 1 年以上的，享受带薪年休假
其他	探亲假、婚丧假、生育（产）假、节育手术假等

（二）加班的规定（表 4-2-13）

加班的规定　　　　　　　　　　　　　　　　　　表 4-2-13

加班	具体规定	
加班时间	一般情况	加班一般每日不超过 1 小时
	特殊原因（在保障劳动者身体健康的条件下）	每日不超过 3 小时，每月不超过 36 小时
	特殊情况（如发生自然灾害、抢险抢修等）	不受上述时间限制
加班报酬	延长工作时间	不低于工资的 150% 的工资报酬
	休息日安排劳动者工作又不能安排补休的	支付不低于 200% 的工资报酬
	法定休假日安排工作的	支付不低于 300% 的工资报酬

三、劳动者的工资

（一）工资基本规定

（1）工资分配应当遵循按劳分配原则，实行同工同酬。

（2）工资应当以货币形式按月支付给劳动者本人。

（3）劳动者在法定休假日和婚丧假期间以及依法参加社会活动期间，用人单位应当依法支付工资。

（二）最低工资保障制度

1. 最低工资标准的概念

最低工资标准，是指劳动者在法定工作时间或依法签订的劳动合同约定的工作时间内提供了正常劳动的前提下，用人单位依法应支付的最低劳动报酬。

2. 最低工资标准的制定和备案

国家实行最低工资保障制度。最低工资的具体标准由省、自治区、直辖市人民政府规定，报国务院备案。用人单位支付劳动者的工资不得低于当地最低工资标准。

3. 最低工资标准的内容

在劳动者提供正常劳动的情况下，用人单位应支付给劳动者的工资在剔除下列各项以后，不得低于当地最低工资标准：

（1）延长工作时间工资。

（2）中班、夜班、高温、低温、井下、有毒有害等特殊工作环境、条件下的津贴。

（3）法律、法规和国家规定的劳动者福利待遇等。实行计件工资或提成工资等工资形式的用人单位，在科学合理的劳动定额基础上，其支付劳动者的工资不得低于相应的最低工资标准。

▶ 考点 6　女职工和未成年工的特殊保护

一、女职工和未成年工的工作范围和相关规定（表 4-2-14）

女职工和未成年工的特殊保护　　　　　　　　表 4-2-14

	女职工		未成年工（16 ≤ 年龄 < 18）
不得从事	矿山井下		
	第 4 级体力劳动强度		
	—		有毒有害
其他不得从事	经期	高处、低温、冷水、第 3 级体力劳动强度	用人单位应对未成年工定期进行健康检查。用人单位招收未成年工除符合一般用工要求外，还须向所在地的县级以上劳动行政部门办理登记
	怀孕	第 3 级体力劳动强度	
	怀孕 7 个月以上	不得加班和夜班	

二、女职工的产假

《女职工劳动保护特别规定》规定，女职工生育享受 98 天产假，其中产前可以休假 15 天；难产的，增加产假 15 天；生育多胞胎的，每多生育 1 个婴儿，增加产假 15 天。女职工怀孕未满 4 个月流产的，享受 15 天产假；怀孕满 4 个月流产的，享受 42 天产假。

▶ 考点 7　劳动争议的解决

一、劳动纠纷与民事纠纷的区别

（一）劳动仲裁

劳动法是独立的法律部门，有独特的游戏规则，注意掌握。

劳动合同不是民事合同，不适用《合同法》；

劳动仲裁不是民事仲裁，不适用《仲裁法》。

（二）劳动纠纷与民事纠纷（表 4-2-15）

劳动纠纷与民事纠纷的对比　　　　　表 4-2-15

纠纷类型	劳动纠纷	民事纠纷
程序	先裁后审	或裁或审
申请和受理	无需仲裁协议	需书面仲裁协议
管辖	法定	约定
仲裁庭组成	劳动仲裁委依职权	当事人依协议
时效	1 年	适用诉讼时效

二、劳动争议的解决方式

（一）解决方式（表 4-2-16）

劳动争议的解决方式　　　　　表 4-2-16

解决方式	解决部门	成员		
调解	劳动争议调解委员会	职工代表	用人单位代表	工会代表（主任）
劳动仲裁	劳动争议仲裁委员会	劳动行政部门代表（主任）	用人单位方面代表	同级工会代表
诉讼	人民法院	—		

（二）其他规定

（1）劳动争议申请仲裁的时效期间为 1 年。仲裁时效期间从当事人知道或者应当知道其权利被侵害之日起计算。

（2）劳动关系存续期间因拖欠劳动报酬发生争议的，劳动者申请仲裁不受上条限制；但是，劳动关系终止的，应当自劳动关系终止之日起 1 年内提出。

（3）劳动争议当事人对仲裁裁决不服的，可以自收到仲裁裁决书之日起 15 日内向人民法院提起诉讼。一方当事人在法定期限内不起诉又不履行仲裁裁决的，另一方当事人可以申请人民法院强制执行。

强化练习

1.［2020 年真题］马某与某施工企业订立了一份 2 年期限的劳动合同，合同约定了试用期，同时约定合同生效时间为 5 月 1 日，则试用期最晚应当截止于（　　）。

A.11 月 1 日　　　　B.8 月 1 日　　　　C.7 月 1 日　　　　D.6 月 1 日

2.［2020 年真题］根据《劳动合同法》，下列情形中，用人单位不得与劳动者解除劳动合同的是（　　）。

A.在试用期间被证明不符合录用条件的　B.患病或非因工负伤，在规定的医疗期内的

C. 严重违反用人单位的规章制度的　　　　D. 被依法追究刑事责任的

3. [2019年真题] 劳动者发生下列情形，用人单位可以随时解除劳动合同的有（　　）。

A. 在试用期间被证明不符合录用条件的

B. 不能胜任工作，经过培训或者调整工作岗位，仍不能胜任工作的

C. 严重违反用人单位规章制度的

D. 同时与其他用人单位建立劳动关系，对完成本单位的工作任务造成严重影响的

E. 患病，在规定的医疗期满后不能从事原工作，也不能从事由用人单位另行安排的工作的

4. [2018年真题] 根据《劳动合同法》，下列情形中，用人单位不得解除劳动者劳动合同的是（　　）。

A. 在本单位连续工作满15年，且距法定退休年龄不足5年的

B. 在试用期间被证明不符合录用条件的

C. 严重违反用人单位的规章制度的

D. 因公负伤，不在规定的医疗期内的

5. [2018年真题] 根据《劳务派遣暂行规定》，被派遣劳动者在用工单位因工作遭受事故伤害，关于申请工伤认定的说法，正确的是（　　）。

A. 用工单位申请，劳务派遣单位协助　　　B. 被派遣劳动者申请，劳务派遣单位协助

C. 劳务派遣单位申请，用工单位协助　　　D. 被派遣劳动者申请，劳动行政部门协助

6. [2017年真题] 企业拖欠劳动报酬，则劳动者可以处理该争议的途径有（　　）。

A. 向企业调解委员会申请调解

B. 向用人单位所在地的劳动仲裁委员会申请仲裁

C. 向约定的仲裁委员会申请仲裁

D. 直接向人民法院起诉

E. 直接向人民法院申请支付令

7. [2016年真题] 关于劳务派遣的说法，正确的是（　　）。

A. 甲可以被劳务派遣公司派到某施工企业担任安全员

B. 乙可以被劳务派遣公司派到某公司做临时性工作1年以上

C. 丙在无工作期间，其所属劳务派遣公司不再向其支付工资

D. 劳务派遣协议中应当载明社会保险费的数额

8. [2016年真题] 关于用人单位与劳动者发生劳动争议申请劳动仲裁的说法，正确的是（　　）。

A. 劳动关系存续期间因拖欠劳动报酬发生争议的，不受仲裁时效期间的限制

B. 双方必须先经本单位劳动争议调解委员会调解，调解不成的，才可以向劳动仲裁委员会申请仲裁

C. 劳动争议申请仲裁的时效期限为2年

D. 仲裁时效期间从权利被侵害之日起计算

参考答案

1. C；2. B；3. A、C、D；4. A；5. C；6. A、B、E；7. D；8. A

第三节　相关合同制度

学习指导

相关合同在建设工程中非常常见。本节主要讲解了八种相关合同，分别是承揽合同、买卖合同、借款合同、租赁合同、融资租赁合同、运输合同、仓储合同、委托合同。其中，前四种合同在考试中非常常见，考察也比较细致，需要考生在复习中做重点把握。融资租赁合同相对来讲较难理解，需要考生首先辨明合同当事人的法律地位然后再做掌握。最后三种合同考频较低，内容也比较简单。

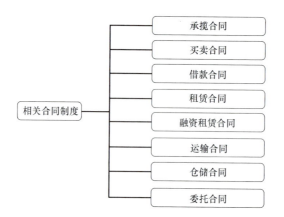

考点 1　承揽合同

一、承揽合同的概念

承揽合同是承揽人（干活的人）按照定作人（出钱的人）的要求完成工作，交付工作成果，定作人给付报酬的合同。承揽包括加工、定作、修理、复制、测试、检验等工作。

二、承揽合同的特征

（1）承揽合同以完成一定的工作并交付工作成果为标的。

（2）承揽人须以自己的设备、技术和劳力完成所承揽的工作。

① 承揽的主要工作交由第三人完成的，应当经定作人同意；

② 承揽的辅助工作交由第三人完成的，不需要定作人同意；

③ 承揽人应当就第三人完成的工作成果向定作人负责。

（3）承揽人工作具有独立性。

承揽人完成工作过程中，不受定作人指挥管理，但应当接受定作人必要的监督检验。

三、承揽合同当事人的权利义务（表 4-3-1）

承揽合同当事人的权利义务　　　　　　　表 4-3-1

承揽人的义务（干活的人）	定作人的义务（出钱的人）
（1）约定完成承揽工作； （2）材料检验的义务（无论谁供），承揽人不得擅自更换定作人提供的材料； （3）通知和保密（未经定作人许可，不得留存复制品或者技术资料）； （4）接受监督检查和妥善保管工作成果（承揽人在工作期间，应当接受定作人必要的监督检验）； （5）交付符合质量要求的工作成果（共同承揽人对定作人承担连带责任）	（1）按照约定提供材料和协助承揽人完成工作； （2）支付报酬 （支付报酬的期限：约定→协议→有关条款/交易习惯→法律规定，工作成果部分交付的，相应支付）； （3）依法赔偿损失（定作人中途变更要求造成承揽人损失的，应当赔偿）； （4）验收工作成果

四、承揽合同的解除（表 4-3-2）

承揽合同的解除　　　　　　　表 4-3-2

承揽合同的解除		具体内容
承揽人的法定解除权		定作人不履行协助义务致使工作不能完成的，经催告逾期不履行的，承揽人可解除合同
定作人的	法定解除权	承揽人将主要工作交由第三人完成的，未经定作人同意的，定作人可解除合同
	法定任意解除权	定作人可以随时解除承揽合同，造成承揽人损失的，应当赔偿损失

▶ 考点 2　买卖合同

一、买卖合同的概念

买卖合同是指出卖人（卖方）转移标的物的所有权于买受人，买受人（买方）支付价款的合同。

二、买卖合同的法律特征

（1）转移财产所有权的合同；

（2）有偿合同；

（3）双务合同；

（4）诺成合同。

三、买卖合同当事人的权利义务（表4-3-3）

买卖合同当事人的权利义务 　　　　表 4-3-3

出卖人的主要义务		买受人的主要义务
按照合同约定交付标的物		支付价款
转移标的物所有权		受领标的物
瑕疵担保	权利瑕疵担保	对标的物进行检验和及时通知
	物的瑕疵担保	

（一）出卖人的主要义务——动产交付方式（表4-3-4）

动产交付方式 　　　　表 4-3-4

交付方式	内容
现实交付	直接交付标的物
简易交付	标的物合同订立前已为买受人占有，合同生效视为完成交付
占有改定	合同生效后标的物仍由出卖人继续占有，但其所有权已转移给买受人
指示交付	标的物为第三人合法占有，买受人取得了返还标的物请求权
拟制交付	交付标的物的权利凭证（如仓单、提单）给买受人

（二）出卖人的主要义务——瑕疵担保义务

1. 权利瑕疵担保

出卖人就交付的标的物负有保证第三人不向买受人主张任何权利的义务，但法律另有规定的除外。例如：甲将一房屋出卖给乙，但该房屋属于夫妻共同财产且甲妻对卖房不知情，这就属于该买卖合同的权利瑕疵。

2. 物的瑕疵担保

指出卖人就其所交付的标的物具备约定或法定品质所负有的担保义务。出卖人应当按照约定的质量要求交付标的物。

（三）买受人的主要义务

买受人应当按照约定的时间支付价款。

对支付时间没有约定或者约定不明确→协议补充→合同有关条款或者交易习惯→买受人应当在收到标的物或者提取标的物单证的同时支付。

四、标的物毁损灭失风险的承担（表4-3-5）

标的物毁损灭失风险的承担 　　　　表 4-3-5

情形	风险转移	举例
一般情况下	交付前：出卖人承担 交付后：买受人承担	去商场买衣服，交付前风险卖家承担，交付后风险买家承担

续表

情形	风险转移	举例
在途标的物	合同成立前：出卖人承担 合同成立后：买受人承担	一批水泥从北京运到西安销售，途中买家张三出现，买下了这批水泥。则风险在合同成立前出卖人承担，成立后买受人张三承担
需要运输的标的物（未约定交付地点／约定不明确）	交付给第一承运人后：买受人承担	收货地点待定
种类物，无辨识度	买受人不负担毁损、灭失的风险	一模一样的三部手机，没有任何标记，其中一部损毁，则买受人不负担风险
未交付单证资料	风险正常转移	购买笔记本电脑，未同时交付说明书，不影响风险的转移
质量不合格	买受人拒绝接受标的物或解除合同，风险由出卖人承担	购买水泥，水泥质量不合格，施工单位拒绝收货，则风险出卖人承担

五、特殊买卖合同的规定（表 4-3-6）

特殊买卖合同的规定　　　　　　　　　表 4-3-6

特殊买卖合同	规定	举例
凭样品买卖	出卖人交付的标的物应当与样品的质量相同。买受人不知道样品有隐蔽瑕疵的，出卖人交付标的物的质量应当符合通常标准	在手机店体验新款手机，然后一次性购买该款手机 100 台
试用买卖	试用期间届满，买受人对是否购买标的物未作表示的，视为购买	新版单反试用 1 个月
招标投标买卖	招标投标买卖的当事人的权利和义务以及招标投标程序等，依照有关法律、行政法规的规定	施工材料、设备的采购
拍卖	以公开竞价的方式，将标的物出售给应价最高的竞买人的买卖方式。适用《拍卖法》	拍卖名人字画
易货买卖	一方交付给对方的货物，即是自己取得对方货物支付的特殊对价	张三的苹果换李四的梨

六、孳息的归属和买卖合同的解除

（一）孳息的归属

标的物在交付之前产生的孳息，归出卖人所有。交付后产生的，归买受人所有。

（二）买卖合同的解除

（1）因标的物的主物不符合约定而解除合同的，解除合同的效力及于从物。因标的物的从物不符合约定被解除的，解除的效力不及于主物。（如买船送船桨，船是主物，船桨是从物。）

（2）分期付款的买受人未支付到期价款的金额达到全部价款的五分之一的，出卖人有权要求买受人支付全部价款或者解除合同。出卖人解除合同的，可以向买受人要求支付该标的物的使用费。

考点 3　借款合同

一、借款合同的概念

借款合同是借款人向贷款人借款，到期返还借款并支付利息的合同。

二、借款合同的主要法律特征

（1）标的物是货币（一般等价物）；

（2）一般为要式合同；

（3）一般是有偿合同（有息借款）。

三、借款合同当事人的义务（表 4-3-7）

借款合同当事人的义务　　　　　　　　　　　　　　表 4-3-7

贷款人的义务	借款人的义务
（1）提供借款：贷款人应当按照合同约定提供借款。贷款人未按照约定的日期、数额提供借款，造成借款人损失，应当赔偿损失； （2）不得预扣利息：借款的利息不得预先在本金中扣除	（1）提供担保：贷款人可以要求借款人提供担保； （2）提供真实情况：借款人应当按照贷款人的要求提供与借款有关的业务活动和财务状况的真实情况； （3）按照约定收取借款； （4）按照约定用途使用借款：借款人未按照约定的借款用途使用借款的，贷款人可以停止发放借款、提前收回借款或者解除合同； （5）按期还本付息。支付利息期限不明：协议补充→合同有关条款或交易习惯→借款期间不满 1 年，偿还本金时一并偿还利息；超过 1 年的，每届满 1 年偿还一次利息，剩余不足 1 年的，还款时一并支付

四、借款合同的其他规定

（1）展期：借款人可以在还款期限届满之前向贷款人申请展期。

（2）生效：自然人之间的借款合同，自贷款人提供借款时生效。

（3）利息：自然人之间的借款合同对支付利息没有约定或者约定不明的，视为不支付利息。

（4）利息上限：未超过年利率 24%——支持；超过年利率 36%——超过部分无效。

考点 4　租赁合同

一、租赁合同的概念

租赁合同是出租人将租赁物交付承租人使用、收益，承租人支付租金的合同。

二、租赁合同的法律特征

（1）转移租赁物使用收益权；（2）诺成合同；（3）双务合同；（4）有偿合同。

三、租赁合同的内容和类型

（一）租赁合同的内容

租赁合同的内容包括租赁物的名称、数量、用途、租赁期限、租金及其支付期限和方式、租赁物维修等条款。

（二）租赁合同的类型

（1）根据租赁标的物不同：可分为动产租赁和不动产租赁。

（2）根据是否约定租赁期限：可分为定期租赁和不定期租赁。

（三）租赁合同的相关规定（表 4-3-8）

租赁合同的相关规定　　　表 4-3-8

租赁合同	具体规定
租赁期限	可以约定，但最长不超过 20 年。超过 20 年的，超过部分无效
租赁期满	可以续订合同，但约定期限自续订起仍不得超过 20 年
合同形式	租赁期限 6 个月以上的，应当采用书面形式（未用视为不定期租赁）
不定期租赁	（1）当事人没有约定租赁期限 （2）定期合同期满，承租人继续使用，出租人无异议，原租赁合同继续有效，期限为不定期 租赁合同期限：无约定或约定不明→协议补充→其他条款/交易习惯→不定期

其他：当事人可以随时解除合同，但出租人解除合同应当在合理期限之前通知承租人

四、租赁合同当事人的权利义务（表 4-3-9）

租赁合同当事人的权利义务　　　表 4-3-9

出租人的义务	承租人的义务
（1）交付出租物； （2）维修出租物； （3）权利瑕疵担保（如果因第三人主张权利，致使承租人不能对租赁物使用、收益的，承租人可以要求减少租金或者不支付租金）； （4）物的瑕疵担保（出租人应当担保租赁物质量完好，不存在影响承租人正常使用的瑕疵。如果承租人在签订合同时知悉某瑕疵存在，则不应受此约束）； （5）承租人优先购买权和保证共同居住人继续承租	（1）交付租金； （2）按照约定使用租赁物； （3）妥善保管租赁物（承租人经出租人同意，可以对租赁物进行改善或者增设他物。承租人未经出租人同意，对租赁物进行改善或者增设他物的，出租人可以要求承租人恢复原状或者赔偿损失）； （4）有关事项通知（在租赁期间，遇到租赁物需要维修、第三人主张权利及其涉及租赁物的相关事项，承租人应当及时通知出租人）； （5）返还租赁物和赔偿损失

五、租赁合同的其他规定

在租赁期间因占有、使用租赁物获得的收益，归承租人所有，但当事人另有约定的除外。

▶ 考点 5　融资租赁合同

一、融资租赁合同的概念

融资租赁合同（图 4-3-1）是出租人根据承租人对出卖人、租赁物的选择，向出卖人购买租赁物，提供给承租人使用，承租人支付租金的合同。

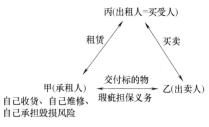

图 4-3-1　融资租赁合同

（三）融资租赁合同是要式合同

融资租赁合同应当采用书面形式。

二、融资租赁合同的法律特征

（一）出租人身份的二重性

二重性：出租人同时还是买受人。

（二）出卖人权利与义务相对人的差异性

（1）出卖人是向承租人履行交付标的物和瑕疵担保义务。

（2）出卖人向买受人收取价款（即享受权利）。

三、融资租赁合同当事人的权利义务（表 4-3-10）

融资租赁合同当事人的权利义务　　　　表 4-3-10

承租人的义务	出租人的义务	出卖人的义务
（1）支付租金； （2）妥善保管和使用租赁物；承租人承担租赁物的维修义务； （3）租赁期限届满返还租赁物（承租人破产的，租赁物不属于破产财产）	（1）向出卖人支付价金； （2）保证承租人对租赁物占有和使用； （3）协助承租人索赔； （4）尊重承租人选择权（出租人根据承租人对出卖人、租赁物的选择订立的买卖合同，未经承租人同意，出租人不得变更与承租人有关的合同内容）	（1）向承租人交付标的物； （2）标的物的瑕疵担保

▶ 考点 6　运输合同

一、运输合同的概念

是承运人将旅客或者货物从起运地点运输到约定地点，旅客、托运人或者收货人支付票款或者运输费用的合同。

二、货运合同的法律特征

（1）双务、有偿合同；

（2）标的是运输行为；

（3）诺成合同；

（4）当事人的特殊性（托运人和收货人可以是一个人）。

三、货运合同当事人的权利义务

（一）承运人的权利义务（表4-3-11）

承运人的权利义务　　　　表4-3-11

承运人权利	承运人义务
（1）求偿权：因托运人申报不实或者遗漏重要情况，造成承运人损失的，托运人应当承担损害赔偿责任； （2）特殊情况下的拒运权：如违反包装的规定； （3）留置权：如不支付运费等	（1）运送货物； （2）及时通知提领标的物； （3）按指示运输：在承运人将货物交付收货人之前，托运人可以要求承运人中止运输、返还货物、变更到达地或者将货物交给其他收货人，但应当赔偿承运人因此受到的损失； （4）货物毁损灭失的赔偿； （5）因不可抗力灭失货物不得要求支付运费：货物在运输过程中因不可抗力灭失，未收取运费的，承运人不得要求支付运费；已收取运费的，托运人可以要求返还

（二）托运人的权利义务（表4-3-12）

托运人的权利义务　　　　表4-3-12

托运人的权利	托运人的义务
（1）有条件的拒绝支付运费（如承运人未按约定路线或者通常线路运输增加运输费用的，托运人或者收货人可以拒绝支付增加部分的运输费用）； （2）任意变更解除权（但需赔偿损失）	（1）支付运费； （2）妥善包装； （3）告知（货物名称、数量、收货地点等）

（三）收货人的权利义务（表4-3-13）

收货人的权利义务　　　　表4-3-13

收货人的权利	收货人的义务
承运人未按照约定路线或者通常路线运输增加运输费用的，托运人或者收货人可以拒绝支付增加部分的运输费用	（1）提货验收； （2）支付托运人未付或者少付运费及其他费用

四、多式联运合同

多式联运是指由两种及其以上的交通工具相互衔接、转运而共同完成运输的过程（如火车 - 飞机 - 轮船 - 汽车）。

多式联运经营人负责履行或者组织多式联运合同，对全程运输享有承运人的权利，承担承运人的义务。

▶ 考点 7　仓储合同

一、仓储合同的概念

是保管人储存存货人交付的仓储物，存货人支付仓储费的合同。

二、仓储合同的法律特征

（1）诺成合同；（2）保管对象是动产；（3）双务合同、有偿合同。

三、仓储合同当事人的权利义务（表4-3-14）

仓储合同当事人的权利义务　　　　　　　　　　表 4-3-14

保管人的义务	存货人的义务
（1）验收的义务； （2）出具仓单的义务：存货人或者仓单持有人在仓单上背书并经保管人签字或者盖章的，可以转让提取仓储物的权利； （3）允许检查或者提取样品的义务； （4）通知的义务：保管人对入库仓储物发现有变质或者其他损坏的，应当及时通知存货人或者仓单持有人； （5）催告或做出必要处置的义务； （6）损害赔偿的义务：储存期间，因保管人保管不善造成仓储物毁损、灭失的，保管人应当承担损害赔偿责任	（1）支付仓储费用的义务； （2）说明的义务：储存易燃、易爆、有毒、有腐蚀性、有放射性等危险物品或易变质物品，存货人应当说明该物品的性质，提供有关资料； （3）按时提取仓储物

▶ 考点 8　委托合同

一、委托合同的概念

委托合同是委托人和受托人约定，由受托人处理委托人事务的合同。委托人可以特别委托受托人处理一项或者数项事务，也可以概括委托受托人处理一切事务。

二、委托合同的法律特征

（1）基于双方相互信任；（2）不一定是有偿合同；（3）是一种典型的提供劳务的合同；（4）委托的可以是法律行为，也可以是事实行为。

三、委托合同当事人的权利义务（表4-3-15）

委托合同当事人的权利义务　　　　　　　　　　表 4-3-15

委托人的主要义务	受托人的义务
（1）支付费用（委托人应当预付处理委托事务的费用）； （2）支付报酬（受托人完成委托事务的，委托人应当向其支付报酬）； （3）赔偿损失（委托人经受托人同意，可以在受托人之外委托第三人处理委托事务，但因此给受托人造成损失的，受托人可以向委托人要求赔偿损失）	（1）按照委托人的指示处理委托事务； （2）受托人应当亲自处理委托事务（经委托人同意可转委托）； （3）按照委托人的要求，报告委托事务的处理情况； （4）赔偿损失：有偿的委托合同，因受托人的过错给委托人造成损失的，委托人可以要求赔偿损失。无偿的委托合同，因受托人的故意或者重大过失给委托人造成损失的，委托人可以要求赔偿损失。受托人超越权限给委托人造成损失的，应当赔偿损失

四、委托合同的终止

委托人或者受托人可以随时解除委托合同。因解除合同给对方造成损失的，除不可归责于该当事人的事由以外，应当赔偿损失。

强化练习 ···

1. ［2020 年真题］甲公司和乙公司订立了预制构件承揽合同，合同履行过半，甲公司突然通知乙公司解除合同，关于甲公司和乙公司权利的说法，正确的是（　　　）。

A. 经乙公司同意后甲公司方可解除合同

B. 乙公司有权要求甲公司继续履行合同

C. 合同履行过半后，甲公司无权解除合同

D. 甲公司有权随时解除合同，但应当向乙公司赔偿相应的损失

2. ［2020 年真题］关于租赁合同的说法，正确的是（　　　）。

A. 租赁期限超过 6 个月的，可以采用书面形式

B. 租赁合同应当采用书面形式，当事人未采用的，视为租赁合同未生效

C. 租赁期限超过 20 年的，超过部分无效

D. 租赁物在租赁期间发生所有权变动的，租赁合同解除

3. ［2020 年真题］甲公司根据乙公司的选择，向丙公司购买了 1 台大型设备，出租给乙公司使用，乙公司使用该设备时，发现该设备不能正常运行，关于该融资租赁合同的说法正确的是（　　　）。

A. 甲公司应当对乙公司承担违约责任

B. 若乙公司破产，该设备属于乙公司的破产财产

C. 乙公司可以基于设备质量瑕疵而直接向丙公司索赔

D. 租赁期限届满，乙公司享有该设备的所有权

4. ［2020 年真题］下列情形中，应当由出卖人承担标的物毁损、灭失风险的有（　　　）。

A. 标的物需要运输，当事人对交付地点约定不明确，出卖人将标的物交付给第一承运人后

B. 施工企业购买一批安全帽，出卖人尚未交付

C. 标的物已抵达交付地点，施工企业因标的物质量不合格而拒收货物

D. 合同约定在标的物所在地交货，约定时间已过，施工企业仍未前往提货

E. 出卖人在交付标的物时未附产品说明书，施工企业已接收

5. ［2019 年真题］关于承揽合同解除的说法，正确的是（　　　）。

A. 定作人不履行协助义务致使承揽工作不能完成的，承揽人可以解除合同

B. 承揽人将其承揽的主要工作交由第三人完成的，定作人可以解除合同

C. 承揽人可以随时解除承揽合同，造成定作人损失的，应当承担赔偿责任

D. 定作人可以随时解除承揽合同，造成承揽人损失的，应当承担赔偿责任

6.［2019年真题］甲施工企业向乙建材公司购买一批水泥，关于该买卖合同中水泥毁损、灭失风险承担的说法，正确的是（　　　）。

A. 若由于甲自身过错导致水泥交付期推迟一周，则水泥毁损、灭失的风险由甲承担的时间相应推迟

B. 若甲拒绝接受水泥或解除合同，则水泥毁损、灭失的风险由乙承担

C. 水泥毁损、灭失的风险交付之前由乙承担，交付之后由甲承担

D. 若乙出卖的水泥为在途标的物时，则其毁损、灭失的风险自水泥交付完成时起由甲承担

7.［2019年真题］关于运输合同中承运人权利义务的说法，正确的是（　　　）。

A. 承运人将货物交付收货人之前，托运人不能要求承运人变更到达地

B. 货物由于不可抗力灭失但已收取运费的，托运人可以要求承运人返还

C. 由于不可抗力造成货物毁损、灭失的，承运人应当承担损害赔偿责任

D. 货运合同履行中，承运人对所要运送的货物享有拒运权

8.［2019年真题］某施工企业由于场地有限，将一批建筑材料交由某仓储中心进行保管，并签订仓储合同。关于该仓储中心义务的说法，正确的有（　　　）。

A. 仓储中心应当将仓储合同作为提取建筑材料的凭证

B. 仓储中心验收时发现该批建筑材料数量与约定不符合，应当及时通知施工企业

C. 仓储中心应当根据施工企业的要求，同意其定期检查建筑材料的保管情况

D. 储存期间因仓储中心保管不善，造成部分建筑材料毁损，该损害赔偿责任应当由仓储中心承担

E. 仓储中心发现该批建筑材料已发生变质，并危及其他仓储物的安全和正常保管的，可以作出必要的处置，但应当事后及时通知施工企业

9.［2018年真题］甲施工企业与乙预制构件加工厂签订了承揽合同，合同约定由甲提供所需材料和图纸。关于该合同主体权利义务的说法，正确的是（　　　）。

A. 未经甲许可，乙不得留存复制品或技术资料

B. 没有约定报酬支付期限的，甲应当先行预付

C. 因甲提供的图纸不合理导致损失的，甲与乙承担连带责任

D. 乙发现甲提供的材料不合格，遂自行更换为自己确认合格的材料

10.［2018年真题］关于借款合同的说法，正确的是（　　　）。

A. 借款合同是实践合同

B. 对支付利息的期限没有约定的，借款期限1年的应当在每届满1年时支付

C. 自然人之间的借款合同对支付利息没有约定或约定不明确的，视为支付利息

D. 借贷双方约定的利率超过年利率24%，则该借款的利息约定无效

11.［2018年真题］甲租赁公司和乙施工企业签订了融资租赁合同，合同约定甲根据乙的要求向丙施工机械厂购买两台大型塔吊，关于该合同中当事人义务的说法正确的是（　　　）。

A. 甲向乙承担交付塔吊的义务　　　　B. 丙向甲承担塔吊的瑕疵担保义务

C. 甲承担塔吊租赁期间的维修义务　　D. 乙向甲履行交付租金的义务

12. [2018年真题] 甲施工企业向乙机械设备公司购买了机械设备，并签订了买卖合同。合同约定乙将上述设备交由一家运输公司运输，但没有约定毁损风险的承担，则乙的主要义务有（　　　）。

A. 按合同约定交付机械设备　　　　B. 转移机械设备的所有权

C. 承担机械设备运输过程中毁损的风险　D. 机械设备的瑕疵担保

E. 为机械设备购买运输保险

13. [2017年真题] 某施工企业与预制构件厂签订了预制构件加工合同，构件加工过程中施工企业要求变更构件设计，对方同意变更。但加工构件超过60%时，该施工企业提出解除合同。关于该施工企业权利的说法。正确的是（　　　）。

A. 可随时解除合同　　　　　　B. 享有留置权

C. 不得单方变更设计　　　　　D. 可请求法院撤销合同

14. [2017年真题] 某设备租赁公司将一台已经出租给某劳务公司的钢筋切割机转让给某施工企业，该切割机租赁还有3个月到期。转让合同约定当切割机租赁期限结束时劳务公司将其交付给该施工企业。该买卖合同中切割机的交付方式为（　　　）。

A. 简易交付　　　　　　　　　B. 拟制交付

C. 指示交付　　　　　　　　　D. 占有改定

15. [2016年真题] 甲施工企业从乙公司购进一批水泥，乙公司为甲施工企业代办托运。在运输过程中，甲施工企业与丙公司订立合同将这批水泥转让丙公司，水泥在运输途中因山洪暴发火车出轨受到损失。该案中水泥的损失应由（　　　）。

A. 丙公司承担　　　　　　　　B. 甲施工企业承担

C. 乙公司承担　　　　　　　　D. 甲施工企业和丙公司分担

16. [2016年真题] 关于买卖合同的说法，正确的有（　　　）。

A. 标的物在交付之前产生的孳息，归出卖人所有

B. 试用期间届满，试用买卖的买受人对是否购买标的物未做表示的，视为购买

C. 买受人已经支付标的物总价款的75%以上的，出卖人无权要求取回标的物

D. 因标的物的主物不符合约定而解除合同的，解除合同的效力不及于从物

E. 标的物在订立合同之前已为买受人占有的，合同生效的时间为交付时间

参考答案

1. D；2. C；3. C；4. B、C；5. D；6. C；7. B；8. B、C、D；9. A；10. B；

11. D；12. A、B、D；13. A；14. C；15. A；16. A、B、C、E

第五章

建设工程施工环境保护、节约能源和文物保护法律制度

■ 本章近三年考情

本章近三年考试真题分值统计			（单位：分）
年份 节	2018 年	2019 年	2020 年
第一节　施工现场环境保护制度	2	2	2
第二节　施工节约能源制度	3	3	3
第三节　施工文物保护制度	2	2	2

第一节　施工现场环境保护制度

 学习指导

　　本节主要讲解了施工现场环境保护中的四种污染：噪声污染、水污染、大气污染、固体废弃物污染。其中，噪声污染在考试中考频最高，考察最细致，需要考生重点掌握。

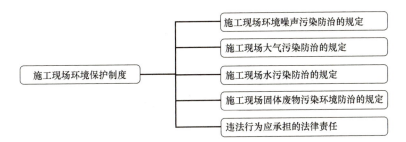

▶ 考点 1　施工现场环境噪声污染防治的规定

一、施工现场环境噪声污染的防治

　　（一）排放建筑施工噪声应当符合建筑施工场界环境噪声排放标准（表 5-1-1）

　　建筑施工场界：是指由有关主管部门批准的建筑施工场地边界或建筑施工过程中实际使用的施工场地边界。

噪声限值　　　　　　　　　　　　　　　　表 5-1-1

昼间	夜间	备注
70dB（A）	55dB（A）	夜间噪声最大声级超过限值的幅度不得高于 15dB（A）
6：00～22：00	22：00～次日 6：00	

（二）使用机械设备可能产生环境噪声污染的申报

在城市市区范围内，建筑施工过程中使用机械设备，可能产生环境噪声污染的，施工单位必须在工程开工 15 日以前向工程所在地县级以上地方人民政府环境保护行政主管部门申报该工程的项目名称、施工场所和期限、可能产生的环境噪声值以及所采取的环境噪声污染防治措施的情况。

（三）禁止夜间进行产生环境噪声污染施工作业的规定

1. 夜间噪声施工的特例（表 5-1-2）

夜间噪声施工的特例　　　　　　　　　　　　表 5-1-2

	区域或事项	法律规定	
原则	城市市区噪声敏感建筑物集中区域内	禁止夜间噪声施工	
特例	抢险作业	可以夜间噪声施工，但需要公告附近居民	—
	抢修作业		
	生产工艺上需要		
	特殊需要必须连续作业		必须有县级以上人民政府或者其有关主管部门的证明

2. 噪声敏感建筑物

（1）噪声敏感建筑物：指医院、学校、机关、科研单位、住宅等需要保持安静的建筑物。

（2）噪声敏感建筑物集中区域：医疗区、文教科研区和以机关或者居民住宅为主的区域。

（四）政府监管部门的现场检查

县级以上人民政府环境保护行政主管部门和其他环境噪声污染防治工作的监督管理部门、机构，有权依据各自的职责对管辖范围内排放环境噪声的单位进行现场检查。

二、建设项目环境噪声污染的防治

（1）环境影响报告书：建设项目可能产生环境噪声污染的，建设单位必须提出环境影响报告书，规定环境噪声污染的防治措施，并按照国家规定的程序报环境保护行政主管部门批准。环境影响报告书中，应当有该建设项目所在地单位和居民的意见。

（2）三同时制度：建设项目的环境噪声污染防治设施必须与主体工程同时设计、同时施工、同时投产使用。

（3）环保验收：建设项目在投入生产或者使用之前，其环境噪声污染防治设施必须按照国家规定的标准和程序进行验收；达不到国家规定要求的，该建设项目不得投入生产或者使用。

三、交通运输噪声污染的防治

警车、消防车、工程抢险车、救护车等机动车辆安装、使用警报器，必须符合国务院公安部门的规定；在执行非紧急任务时，禁止使用警报器。

四、对产生环境噪声污染企业事业单位的规定

（1）产生环境噪声污染的单位，应当采取措施进行治理，并按照国家规定缴纳超标准排

污费；征收的超标准排污费必须用于污染的防治，不得挪作他用。

（2）拆除或者闲置环境噪声污染防治设施的，必须事先报经所在地的县级以上地方人民政府环境保护行政主管部门批准。

（3）对于在噪声敏感建筑物集中区域内造成严重环境噪声污染的企业事业单位，限期治理。

▶ 考点 2　施工现场大气污染防治的规定

一、施工现场大气污染的防治

防治措施：（1）暂时不能开工的建设用地，建设单位应当对裸露地面进行覆盖；超过三个月的，应当进行绿化、铺装或者覆盖。（2）运输煤炭、垃圾、渣土、砂石、土方、灰浆等散装、流体物料的车辆应当采取密闭或者其他措施防止物料遗撒造成扬尘污染，并按照规定路线行驶。（3）装卸物料应当采取密闭或者喷淋等方式防治扬尘污染。（4）建设单位应将防治扬尘污染的费用列入工程造价，并在施工承包合同中明确施工单位扬尘污染防治责任。（5）城市范围内主要路段的施工工地应设置高度不小于 2.5m 的封闭围挡，一般路段的施工工地应设置高度不小于 1.8m 的封闭围挡。（6）土方和建筑垃圾的运输应采用封闭式运输车辆或采取覆盖措施。

二、建设项目大气污染的防治

新建、扩建、改建向大气排放污染物的项目，必须遵守国家有关建设项目环境保护管理的规定。

三、对向大气排放污染物单位的监管

地方各级人民政府应当加强对建设施工和运输的管理，保持道路清洁，控制料堆和渣土堆放，扩大绿地、水面、湿地和地面铺装面积，防治扬尘污染。

▶ 考点 3　施工现场水污染防治的规定

一、施工现场水污染的防治

（1）排放水污染物，不得超过国家或者地方规定的水污染物排放标准和重点水污染物排放总量控制指标。

（2）禁止向水体排放油类、酸液、碱液或者剧毒废液。禁止在水体清洗装贮过油类或者有毒污染物的车辆和容器。

（3）禁止向水体排放、倾倒放射性固体废物或者含有高放射性和中放射性物质的废水。向水体排放含低放射性物质的废水，应当符合国家有关放射性污染防治的规定和标准。

（4）在饮用水水源保护区内，禁止设置排污口。在风景名胜区水体、重要渔业水体和其他具有特殊经济文化价值的水体的保护区内，不得新建排污口。

（5）各类施工作业需要排水的，由建设单位申请领取排水许可证。

（6）因施工作业需要向城镇排水设施排水的，排水许可证的有效期，由城镇排水主管部门根据排水状况确定，但<u>不得超过施工期限</u>。

（7）排水户应当按照排水许可证确定的排水类别、总量、时限、排放口位置和数量、排放的污染物项目和浓度等要求排放污水。

（8）城镇排水主管部门实施排水许可<u>不得收费</u>。

二、发生事故或者其他突发性事件的规定

企业事业单位发生事故或者其他突发性事件，造成或者可能造成水污染事故的，应当立即启动本单位的应急方案，采取隔离等应急措施，防治水污染物进入水体，并向<u>事故发生地</u>的县级以上地方人民政府或者环境保护主管部门报告。

▶ 考点 4　施工现场固体废物污染环境防治的规定

一、施工现场固体废物污染防治的规定

（一）一般固体废物污染环境的防治

固体废物的转运（图5-1-1）。

图5-1-1　固体废物的转运（转运出省、自治区、直辖市）

（1）向固体废物移出地的省、自治区、直辖市人民政府环境保护行政主管部门提出申请。

（2）移出地的省级政府环保部门商经接受地的省、自治区、直辖市人民政府环境保护行政主管部门同意后，方可批准。

（3）施工单位不得将建筑垃圾交给个人或者未经核准从事建筑垃圾运输的单位运输。处置建筑垃圾的单位在运输建筑垃圾时，应当随车携带建筑垃圾处置核准文件。

（二）危险废物污染环境防治的特别规定

以<u>填埋方式</u>处置危险废物不符合国务院环境保护行政主管部门规定的，应当缴纳危险废物排污费。危险废物排污费用于污染环境的防治，不得挪作他用。

（三）施工现场固体废物的减量化和回收再利用（表5-1-3）

施工现场固体废物的减量化和回收再利用　　　　　表 5-1-3

垃圾	具体规定
建筑垃圾的再利用和回收率	达到30%
建筑物拆除产生的废弃物的再利用和回收率	大于40%
对于碎石类、土石方类建筑垃圾，可采用地基填埋、铺路等方式提高再利用率	力争再利用率大于50%

续表

垃圾	具体规定
施工现场生活区	设置封闭式垃圾容器
施工场地生活垃圾	实行袋装化，及时清运
对建筑垃圾进行分类	收集到现场封闭式垃圾站，集中运出

二、建设项目固体废物污染环境的防治

在国务院和国务院有关主管部门及省、自治区、直辖市人民政府划定的自然保护区、风景名胜区、饮用水水源保护区、基本农田保护区和其他需要特别保护的区域内，禁止建设工业固体废物集中贮存、处置的设施、场所和生活垃圾填埋场。

▶ 考点 5　违法行为应承担的法律责任

一、施工现场大气污染防治违法行为应承担的法律责任

施工单位有下列行为之一的，由县级以上人民政府住房和城乡建设等主管部门按照职责责令改正，处 1 万元以上 10 万元以下的罚款；拒不改正的，责令停工整治：

（1）施工工地未设置硬质密闭围挡，或者未采取覆盖、分段作业、择时施工、洒水抑尘、冲洗地面和车辆等有效防尘降尘措施的；

（2）建筑土方、工程渣土、建筑垃圾未及时清运，或者未采用密闭式防尘网遮盖的。

二、按日连续处罚的法律规定

《环境保护法》规定，企业事业单位和其他生产经营者违法排放污染物。受到罚款处罚，被责令改正，拒不改正的，依法作出处罚决定的行政机关可以自责令改正之日的次日起，按照原处罚数额按日连续处罚。前款规定的罚款处罚，依照有关法律法规按照防治污染设施的运行成本、违法行为造成的直接损失或者违法所得等因素确定的规定执行。

强化练习

1. ［2020 年真题］根据《绿色施工导则》，建筑垃圾的再利用和回收率力争达到（　　）。
A. 50%　　　　　　　B. 40%　　　　　　　C. 30%　　　　　　　D. 20%

2. ［2020 年真题］根据《环境保护法》，关于企业违法排放污染物，受到罚款处罚，承担按日连续处罚法律责任的说法，正确的是（　　）。

A. 被责令改正，拒不改正的，应当按照原处罚数额按日连续处罚

B. 按日连续处罚的时间自责令改正之日起算

C. 被责令改正，拒不改正是按日连续处罚的前提

D. 罚款处罚按照执法成本确定

3.〔2019年真题〕关于施工中产生的固体废物污染环境防治的说法，正确的是（　　　）。

A. 施工现场的生活垃圾实行散装清运

B. 处置建筑垃圾的单位在运输建筑垃圾时，应当随车携带建筑垃圾处置核准文件

C. 施工企业可以将建筑垃圾交给从事建筑垃圾运输的个人运输

D. 转移固体废物出省、自治区、直辖市行政区域处置的，应当同时向固体废物移出地和接受地的省级环境保护行政管理部门提出申请

4.〔2018年真题〕根据《环境噪声污染防治法》，关于建设项目环境噪声污染防治的说法，正确的是（　　　）。

A. 建设项目可能产生环境噪声污染的，施工企业必须提出环境影响报告书

B. 环境影响报告书中应当有施工企业的意见

C. 环境影响报告书应当报环境保护行政主管部门批准

D. 环境影响报告书，应当征得该建设项目所在地单位和居民的同意

5.〔2018年真题〕根据《城镇污水排入排水管网许可管理办法》，关于城镇污水排入排水管网许可的说法，正确的是（　　　）。

A. 城镇排污许可根据排放的污染物浓度收费

B. 因施工作业需要排水的，排水许可证有效期不得超过施工期限

C. 排水户可根据需要向城镇排水设施加压排放污水

D. 施工作业时，施工单位应当申请领取排水许可证

6.〔2017年真题〕根据《水污染防治法》，关于施工现场水污染防治的说法，正确的是（　　　）。

A. 禁止利用无防渗漏措施的沟渠输送含有毒污染物的废水

B. 在具有特殊经济文化价值的水体保护区内，禁止设置排污口

C. 禁止向水体排放含低放射性物质的废水

D. 禁止向水体排放生活污水

7.〔2017年真题〕位于甲省的某项目产生大量建筑垃圾，经协商可以转移至乙省某地填埋，但需要途经丙省辖区。关于该固体废物转移的说法，正确的是（　　　）。

A. 应当向甲省环保部门报告并经丙省环保部门同意

B. 应当向乙省环保部门报告并经丙省环保部门同意

C. 应当向丙省环保部门报告并经甲省环保部门同意

D. 应当向甲省环保部门报告并经乙省环保部门同意

8.〔2016年真题〕根据《环境保护法》，企业事业单位和其他生产经营者违法排放污染物受到罚款处罚，可以按日连续处罚。关于"按日连续处罚"的说法，正确的是（　　　）。

A. 责令改正，拒不改正的，可以按原处罚数额按日连续处罚

B. 是否可以按日连续处罚，与是否责令改正无关

C. 责令改正，拒不改正的，可以重新确定处罚数额按日连续处罚

D. 地方性法规不得增加按日处罚的违法行为的种类

参考答案

1. C；2. C；3. B；4. C；5. B；6. A；7. D；8. A

第二节　施工节约能源制度

 学习指导

本节主要讲解了施工中节能方面的规定。介绍了节约能源的原则，重点讲解建筑节能的规定，分开阐述了建设单位、施工单位、设计单位等在节能中分别需要遵守什么规定。最后，介绍了节能技术进步及激励措施等规定。考生在学习中，重点把握建筑节能相关的规定，区分各单位在节能方面所需要遵守的规定。

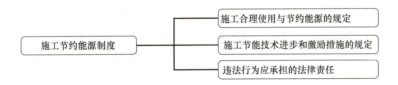

考点 1　施工合理使用与节约能源的规定

一、合理使用与节约能源的一般规定

（一）绿色施工及四节一环保

绿色施工是指工程建设中，在保证质量、安全等基本要求的前提下，通过科学管理和技术进步，最大限度地节约资源与减少对环境负面影响的施工活动，实现四节一环保（节能、节地、节水、节材和环境保护）。

（二）合理使用能源与节约能源的一般规定

1. 节能的产业政策

国家实行有利于节能和环境保护的产业政策，限制发展高耗能、高污染行业，发展节能环保型产业。

2. 用能单位的法定义务

（1）原则：合理用能；

（2）建立节能目标责任制，对节能工作取得成绩的集体、个人给予奖励；

（3）用能单位应当定期开展节能教育和岗位节能培训；

（4）用能单位应当加强能源计量管理，按照规定配备和使用经依法检定合格的能源计量器具；

（5）用能单位应当建立能源消费统计和能源利用状况分析制度，对各类能源的消费实行分类计量和统计，并确保能源消费统计数据真实、完整；

（6）任何单位**不得**对能源消费实行包费制。

3. 循环经济的法定要求

循环经济是指在生产、流通和消费等过程中进项的减量化、再利用、资源化活动的总称。

二、建筑节能的规定

（一）节约能源法的规定

不符合强制性节能标准的项目，依法负责项目审批或者核准的机关不得批准或者核准建设；建设单位不得开工建设；已经建成的，不得投入生产、使用。

（二）采用太阳能、地热能等可再生能源

（1）国家**鼓励和扶持**在新建建筑和既有建筑节能改造中采用太阳能、地热能等可再生能源。

（2）在具备太阳能利用条件的地区，有关地方人民政府及其部门应当采取有效措施，**鼓励和扶持**单位、个人安装使用太阳能热水系统、照明系统、供热系统、供暖制冷等太阳能利用系统。

（三）新建建筑节能的规定（表 5-2-1）

各单位的节能义务　　　　　　　　　　　表 5-2-1

单位	节能义务
施工图审查机构	应根据民用建筑节能强制性标准对施工图进行审查，不合格的，不得颁发施工许可证
建设单位	（1）建设单位不得明示或者暗示设计、施工单位违反节能强制性标准进行设计施工，使用不符合标准的材料和设备； （2）建设单位组织竣工验收，应查验是否符合节能强制性标准，不符合的不得出具竣工验收合格报告
设计单位、施工单位、监理单位	（1）各单位应按民用节能强制性标准进行设计、施工和监理； （2）施工单位应当对进入施工现场的墙体材料、保温材料、门窗、采暖制冷系统和照明设备进行查验

三、施工节能的规定

（一）节材

（1）鼓励固体废物再利用。同时推广数字化、预制化装配式施工，可以节约建筑材料、减少资源消耗。

（2）《循环经济促进法》规定，国家鼓励利用无毒无害的固体废物生产建筑材料，鼓励使用散装水泥，推广使用预拌混凝土和预拌砂浆。

（3）图纸会审时，应审核节材与材料资源利用的相关内容，达到材料损耗率比定额损耗率降低 30%。

（4）应就地取材，施工现场 500 公里以内生产的建筑材料用量占建筑材料总重量的 70% 以上。

（二）节水

1. 传统水源提高用水效率

（1）施工现场生活用水与工程用水确定用水定额，分别计量；

（2）不同标段、不同分包生活区，应确定用水定额分别计量。

2. 非传统水源利用

（1）优先采用中水搅拌、中水养护，有条件的应收集雨水养护；

（2）处于基坑降水阶段的工地，宜优先采用地下水作为混凝土搅拌用水、养护用水、冲洗用水和部分生活用水；

（3）现场机具、设备、车辆冲洗，喷洒路面，绿化浇灌等用水，优先采用非传统水源，尽量不使用市政自来水；

（4）大型施工现场，尤其是雨量充沛地区的大型施工现场建立雨水收集利用系统，充分收集自然降水用于施工和生活中适宜的部位；

（5）力争施工中非传统水源和循环水的再利用量大于 30%。

（三）节能

（1）临时用电优先选用节能电线和节能灯具，临电线路合理设计、布置，临电设备宜采用自动控制装置。采用声控、光控等节能照明灯具；

（2）照明设计以满足最低照度为原则，照度不应超过最低照度的 20%。

（四）节地

1. 临时用地指标

（1）临时设施的占地面积应按用地指标所需的最低面积设计；

（2）要求平面布置合理、紧凑，在满足环境、职业健康与安全及文明施工的前提下尽可能减少废弃地和死角，临时设置占地面积有效利用率大于 90%。

2. 临时用地保护

（1）应对深基坑施工方案进行优化，减少土方开挖和回填量，最大限度地减少对土地的扰动，保护周边自然生态环境；

（2）对于施工周期较长的现场，可按建筑永久绿化的要求，安排场地新建绿化。

▶ 考点 2　施工节能技术进步和激励措施的规定

一、节能技术进步

国家鼓励、支持节能科学技术的研究、开发、示范和推广，促进节能技术创新与进步。

1.政府政策引导

国务院管理节能工作的部门会同国务院科技主管部门发布节能技术政策大纲，指导节能技术研究、开发和推广应用。

2.政府资金支持

国务院和省、自治区、直辖市人民政府设立发展循环经济的有关专项资金，支持循环经济的科技研究开发、循环经济技术和产品的示范与推广、重大循环经济项目的实施、发展循环经济的信息服务等。

二、节能激励措施

（1）财政安排节能专项资金。

（2）税收优惠。

（3）信贷支持。

（4）价格政策。

（5）表彰奖励。

考点 3　违法行为应承担的法律责任

使用黏土砖及其他施工节能违法行为应承担的法律责任

《民用建筑节能条例》规定，施工单位有下列行为之一的，由县级以上地方人民政府建设主管部门责令改正，处10万元以上20万元以下的罚款；情节严重的，由颁发资质证书的部门责令停业整顿，降低资质等级或者吊销资质证书；造成损失的，依法承担赔偿责任：

（1）未对进入施工现场的墙体材料、保温材料、门窗、采暖制冷系统和照明设备进行查验的；

（2）使用不符合施工图设计文件要求的墙体材料、保温材料、门窗、采暖制冷系统和照明设备的；

（3）使用列入禁止使用目录的技术、工艺、材料和设备的。

强化练习

1.［2020年真题］关于用能单位节能管理要求的说法，正确的是（　　）。

A.用能单位应当加强能源计价管理

B.用能单位应当不定期开展节能教育和岗前节能培训

C.用能单位应当建立节能目标责任制

D.鼓励用能单位对能源消费实行包费制

2.［2020年真题］根据《绿色施工导则》，关于非传统水源利用的说法，正确的有（　　）。

A. 优先采用中水搅拌、中水养护，有条件的地区和工程应收集雨水养护

B. 处于基坑降水阶段的工地，优先采用雨水作为混凝土搅拌用水和养护用水

C. 喷洒路面、绿化浇灌用水，优先采用市政自来水

D. 现场机具、设备用水优先采用非传统水源、尽量不使用市政自来水

E. 力争施工中非传统水源和循环水的再利用率大于 30%

3. [2019 年真题] 关于民用建筑强制节能标准的说法，正确的是（　　）。

A. 不符合民用建筑强制性节能标准的项目，已经建成的必须拆除

B. 监理单位发现某企业不按照民用建筑强制性节能标准施工的，应当直接向建设单位报告

C. 不符合民用建筑强制性节能标准的项目，建设单位不得开工建设

D. 监理单位发现施工企业不按照民用建筑强制性节能标准施工的，应当直接向有关行政部门报告

4. [2019 年真题] 根据《绿色施工导则》，关于非传统水源利用的说法，正确的有（　　）。

A. 优先采用雨水搅拌、雨水养护，有条件的地区和工程应当采用中水养护

B. 现场机具、设备等的用水，优先采用传统水源，尽量不使用市政自来水

C. 处于基坑降水阶段的工地，宜优先采用雨水作为混凝土搅拌用水

D. 大型施工现场，尤其是雨量充沛地的大型施工现场建立雨水收集利用系统，充分收集自然降水用于施工和生活中适宜的部位

E. 力争施工中非传统水源和循环水的再利用量大于 30%

5. [2018 年真题] 根据《绿色施工导则》，临时用电照明设计以满足最低照度为原则，照度不应超过最低照度的（　　）。

A. 10%　　　　　　B. 15%　　　　　　C. 20%　　　　　　D. 30%

6. [2018 年真题] 根据《绿色施工原则》，关于建筑节材的说法，正确的有（　　）。

A. 图纸会审时，要达到材料损耗率比定额损耗率降低 35%

B. 应根据现场平面布置情况就近卸载，避免和减少二次搬运

C. 优化安装工程的预留、预埋、管线路径等方案

D. 施工现场 200km 以内的建筑材料用量占总重量的 70% 以上

E. 采取技术和管理措施提高模板、脚手架的周转次数

7. [2016 年真题] 关于建筑节能的说法，正确的是（　　）。

A. 已经建成的项目，2 年后方可投入生产、使用

B. 在新建建筑和既有建筑节能改造中，必须使用节能建筑材料和节能设备

C. 在具备太阳能利用条件的地区，地方人民政府可以要求必须安装使用太阳能热水系统

D. 不符合强制性节能标准的项目，建设单位不得开工建设

8. [2016 年真题] 根据《绿色施工导则》，关于临时用地指标和临时用地保护的说法，正确的是（　　）。

A. 根据施工规模及现场条件等因素合理确定设施的占地指标，临时设施的占地面积应

该按用地指标所需的一半面积设计

　　B. 要求平面布置合理、紧凑，在满足环境、职业健康与安全及文明施工要求的前提下尽可能减少废弃地和死角，临时设施占地面积有效利用率大于80%

　　C. 应对深基坑施工方案进行优化，减少土方开挖和回填量，最大限度的减少对土地的扰动，保护周边自然生态环境

　　D. 利用和保护施工用地范围内原有绿色植被，对于施工周期较短的现场，可按建筑永久绿化的要求，安排场地新建绿化

　　9. [2016年真题]某工程采暖制冷系统出现严重问题给业主造成损失，经查，其主要原因是施工企业使用的采暖制冷系统不符合施工图设计文件要求。根据《民用建筑节能条例》，该施工企业应当承担的法律责任有（　　　）。

　　A. 由建设主管部门责令改正，处以罚款　　B. 情节严重的，吊销资质证书

　　C. 逾期不改正的，处以罚款　　D. 责令停业整顿，降低资质等级

　　E. 依法承担刑事责任

参考答案

　　1. C；2. A、D、E；3. C；4. B、D、E；5. C；6. B、C、E；7. D；8. C；9. A、B

第三节　施工文物保护制度

 **学习指导**

　　本节主要介绍了文物保护的内容。重点围绕文物保护单位、文物保护单位的保护范围和建设控制地带展开，分别介绍了这三个内容的概念、划定、施工要求等。最后讲解了发现文物的报告问题。考生在学习时，需要对这三个概念做重点区分记忆。

施工文物保护制度
- 受法律保护的文物范围
- 在文物保护单位保护范围和建设控制地带施工的规定
- 施工发现文物报告和保护的规定

▶ **考点 1　受法律保护的文物范围**

一、国家保护文物的范围

　　在中华人民共和国境内，下列文物受国家保护：

（1）具有历史、艺术、科学价值的古文化遗址、古墓葬、古建筑、石窟寺和石刻、壁画；

（2）与重大历史事件、革命运动或者著名人物有关的以及具有重要纪念意义、教育意义或者史料价值的近代现代重要史迹、实物、代表性建筑；

（3）反映历史上各时代、各民族社会制度、社会生产、社会生活的代表性实物；

（4）具有科学价值的古脊椎动物化石和人类化石同文物一样受国家保护。

二、属于国家所有的文物范围

中华人民共和国境内地下、内水和领海中遗存的一切文物，属于国家所有。国有文物所有权受法律保护，不容侵犯。

（一）不可移动文物

（1）古文化遗址、古墓葬、石窟寺属于国家所有；

（2）国家指定保护的纪念建筑物、古建筑、石刻、壁画、近代现代代表性建筑等不可移动文物，除国家另有规定的以外，属于国家所有；

（3）国有不可移动文物的所有权不因其所依附的土地所有权或者使用权的改变而改变。

（二）可移动文物

（1）中国国境内出土的文物，国家另有规定的除外；

（2）国有文物收藏单位以及其他国家机关、部队和国有企业、事业组织等收藏、保管的文物；

（3）国家征集、购买的文物；

（4）公民、法人和其他组织捐赠给国家的文物；

（5）属于国家所有的可移动文物的所有权不因其保管、收藏单位的终止或者变更而改变。

（三）属于国家所有的水下文物范围

属于国家所有的水下文物范围如图 5-3-1 所示。

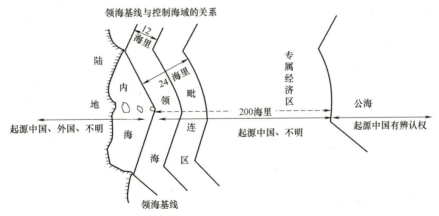

图5-3-1　属于国家所有的水下文物范围示意图

（1）遗存于中国内水、领海内的一切起源于中国的、起源国不明的和起源于外国的文物；

（2）遗存于中国领海以外依照中国法律由中国管辖的其他海域内的起源于中国的和起源

国不明的文物，属于国家所有，国家对其行使管辖权；

（3）遗存于外国领海以外的其他管辖海域以及公海区域内的起源于中国的文物，国家享有辨认器物物主的权利。

三、属于集体所有和私人所有的文物保护范围

属于集体所有和私人所有的纪念建筑物、古建筑和祖传文物以及依法取得的其他文物，其所有权受法律保护。文物的所有者必须遵守国家有关文物保护的法律、法规的规定。

▶ 考点 2　在文物保护单位保护范围和建设控制地带施工的规定

一、文物保护单位的保护范围和建设控制地带

（一）文物保护单位的保护范围和建设控制地带的概念（图 5-3-2）

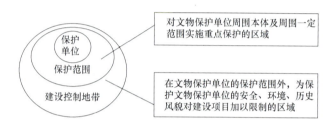

图5-3-2　文物保护单位的保护范围和建设控制地带的概念

（二）文物保护单位的保护范围和建设控制地带的划定

1. 文物保护单位的保护范围的划定（表 5-3-1）

文物保护单位的保护范围的划定　　　　　　　　　　　　表 5-3-1

文物保护单位的级别	划定时间	划定、设立标志、建保护档案
全国重点文物保护单位	核定公布之日起 1 年内	省、自治区、直辖市政府
省级重点文物保护单位		
设区的市重点文物保护单位		设区的市政府
县级重点文物保护单位		县政府

2. 文物保护单位的建设控制地带的划定（表 5-3-2）

文物保护单位的建设控制地带的划定　　　　　　　　　　表 5-3-2

文物保护单位的级别	划定、公布机关	批准机关
全国重点文物保护单位	省级文物保护部门会同规划部门	省、自治区、直辖市政府
省级重点文物保护单位		
设区的市重点文物保护单位	市级文物保护部门会同规划部门	
县级重点文物保护单位	县级文物保护部门会同规划部门	

二、历史文化名城名镇名村的保护

具备下列条件的城市、镇、村庄，可以申报历史文化名城、名镇、名村：

（1）保存文物特别丰富；（2）历史建筑集中成片；（3）保留着传统格局和历史风貌；（4）历史上曾经作为政治、经济、文化、交通中心或者军事要地，或者发生过重要历史事件，或者其传统产业、历史上建设的重大工程对本地区的发展产生过重要影响，或者能够集中反映本地区建筑的文化特色、民族特色。

三、在文物保护单位保护范围和建设控制地带施工的规定

（一）承担文物保护单位的修缮、迁移、重建工程的单位应当具有相应的资质证书（表5-3-3）

承担文物保护单位的修缮、迁移、重建工程的单位应当具有相应的资质证书　表5-3-3

单位	资质	
承担文物保护单位修缮、迁移、重建工程的单位	应取得文物行政主管部门颁发的文物保护工程资质证书	建设行政主管部门发给的相应等级的资质证书
不涉及建筑活动的文物保护单位的修缮、迁移、重建		—

（二）在历史文化名城名镇名村保护范围内从事建设活动的相关规定

1.在历史文化名城、名镇、名村保护范围内禁止下列活动：

（1）开山、采石、开矿等破坏传统格局和历史风貌的活动；

（2）占用保护规划确定保留的园林绿地、河湖水系、道路；

（3）修建生产、储存爆炸性、易燃性、放射性、毒害性、腐蚀性物品的工厂、仓库等；

（4）在历史建筑上刻划、涂污。

2.在历史文化名城、名镇、名村保护范围内进行下列活动，应当保护其传统格局、历史风貌和历史建筑：

（1）改变园林绿地、河湖水系等自然状态的活动；

（2）在核心保护范围内进行影视摄制、举办大型群众性活动；

（3）其他影响传统格局、历史风貌或者历史建筑的活动。

（三）在文物保护单位保护范围和建设控制地带内从事建设活动的相关规定（表5-3-4）

在文物保护单位保护范围和建设控制地带内从事建设活动的相关规定　表5-3-4

位置		保护的规定	
保护范围	原则上	不得进行其他建设工程或者爆破、钻探、挖掘等作业	
	特殊需要	保证文物保护单位安全	
		经核定公布该文物保护单位的人民政府批准	批准前征得上一级人民政府文物行政部门同意
	全国重点	省级政府批准	批准前征得国务院文物行政部门同意

续表

位置	保护的规定
建设控制地带	不得破坏单位的历史风貌，工程设计方案应当根据文物保护单位的级别，经相应的文物行政部门同意后，报城乡规划部门批准

▶ 考点 3　施工发现文物报告和保护的规定

一、配合建设工程进行考古发掘工作的规定

（1）地下埋藏的文物，任何单位或者个人都不得私自发掘。

（2）确因建设工期紧迫或者有自然破坏危险，对古文化遗址、古墓葬急需进行抢救发掘的，由省、自治区、直辖市人民政府文物行政部门组织发掘，并同时补办审批手续。

二、施工发现文物的报告和保护

（1）单位或个人应保护现场，立即报告当地文物部门，文物部门应当在 24 小时内赶赴现场，并在 7 日内提出处理意见。

（2）以上规定发现的文物属于国家所有，任何单位或者个人不得哄抢、私分、藏匿。

强化练习

1.［2020 年真题］根据《水下文物保护管理条例》，下列文物中，属于国家所有的水下文物的是（　　）。

A. 遗存于中国内水的起源国不明的文物

B. 遗存于中国领海以外依照中国法律由中国管辖的其他海域内的起源于外国的文物

C. 遗存于外国领海以外的其他管辖海域内的起源国不明的文物

D. 遗存于外国领海以内的起源于中国的文物

2.［2020 年真题］关于施工中发现文物的报告和保护的说法，正确的是（　　）。

A. 发现人应当在 12 小时内报告当地文物行政部门

B. 文物行政部门接到报告后，应当在 48 小时内赶赴现场

C. 文物行政部门应当在 10 日内提出处理意见

D. 任何单位或者个人发现文物，应当保护现场

3.［2019 年真题］关于国家所有的文物的说法，正确的是（　　）。

A. 遗存于公海区域内的起源于中国的文物，属于国家所有

B. 国有不可移动文物的所有权因其所依附的土地所有权或者使用权的改变而改变

C. 古文化遗址、古墓葬、石窟寺属于国家所有

D. 属于国家所有的可移动文物的所有权因其保管、收藏单位的终止或者变更而改变

4. [2019年真题] 在历史文化名城、名镇、名村保护范围内可进行的活动是（　　　）。

A. 开山、采石、开矿等破坏传统格局和历史风貌的活动

B. 占用保护规划确定保留的园林绿地

C. 在核心保护区范围内进行影视摄制、举办大型群众性活动

D. 修建生产、储存爆炸性、易燃性物品的工厂、仓库

5. [2018年真题] 根据《文物保护法》，下列文物中不属于国家所有文物的是（　　　）。

A. 遗存于中国领海起源于外国的文物　　　B. 古文化遗址，古墓

C. 某公民收藏的古玩字画　　　　　　　　D. 国有企业收藏的文物

6. [2018年真题] 关于文物保护单位建设控制地带的说法，正确的是（　　　）。

A. 文物保护单位建设控制地带是指文物保护单位本体

B. 文物保护单位建设控制地带是指文物保护单位周围一定范围禁止建设项目的区域

C. 全国重点文物保护单位的建设控制地带由省级人民政府城乡规划行政主管部门划定

D. 全国重点文物保护单位的建设控制地带，应经省级人民政府批准

7. [2017年真题] 关于在文物保护单位和建设控制地带内从事建设活动的说法，正确的是（　　　）。

A. 文物保护单位的保护范围内及其周边的一定区域不得进行挖掘作业

B. 在全国重点文物保护单位的保护范围内进行挖掘作业，必须经国务院批准

C. 在省、自治区、直辖市重点文物保护单位的保护范围内进行挖掘作业的，必须经国务院文物行政主管部门同意

D. 因特殊需要在文物保护单位的保护范围内进行挖掘作业的，应经核定公布该文物保护单位的人民政府批准，并在批准前征得上一级人民政府文物行政部门同意

参考答案

1. A；2. D；3. C；4. C；5. C；6. D；7. D

第六章

建设工程安全生产法律制度

本章近三年考情

本章近三年考试真题分值统计			（单位：分）
年份 节	2018 年	2019 年	2020 年
第一节　施工安全生产许可证制度	4	3	4
第二节　施工安全生产责任和安全生产教育培训制度	3	4	3
第三节　施工现场安全防护制度	4	4	4
第四节　施工安全事故的应急救援与调查处理	3	3	3
第五节　建设单位和相关单位的建设工程安全责任制度	4	4	4

第一节　施工安全生产许可证制度

 学习指导

本节主要围绕安全生产许可证进行讲解，介绍了安全生产许可证的适用范围、申请条件以及有效期等内容。本节内容考频极高，均为重点，需要考生细心把握。

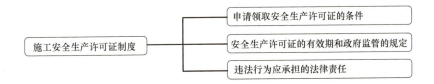

▶ 考点 1　申请领取安全生产许可证的条件

一、实行施工安全生产许可证制度的范围

应当申请安全生产许可证方可从事经营的五类企业：

（1）矿山企业；

（2）建筑施工企业；

（3）危险化学品生产企业；

（4）烟花爆竹生产企业；

（5）民用爆炸物品生产企业。

企业未取得安全生产许可证的，不得从事生产活动。省、自治区、直辖市人民政府建设主管部门负责建筑施工企业安全生产许可证的颁发和管理，并接受国务院建设主管部门的指导和监督。

二、申请领取安全生产许可证的条件

三安：安全制度、安全费用、安全机构人员

（1）建立、健全安全生产责任制，制定完备的安全生产规章制度和操作规程；（有制度）

（2）保证本单位安全生产条件所需资金的投入；（有钱）

（3）设置安全生产管理机构，按照国家有关规定配备专职安全生产管理人员；（有管理人员）

三考：安全 ABC 证、特种作业、全员

（4）主要负责人、项目负责人、专职安全生产管理人员经建设主管部门或者其他有关部门考核合格；（负责人安全考核合格）

（5）特种作业人员经有关业务主管部门考核合格，取得特种作业操作资格证书；（特种作业人员合格）

（6）管理人员和作业人员每年至少进行一次教育培训并考核合格；（安全教育培训）

两保险：工伤保险、意外伤害险

（7）依法参加工伤保险，依法为施工现场从事危险作业的人员办理意外伤害保险，为从业人员交纳保险费；（人的保险）

现场、职业病

（8）施工现场的办公、生活区及作业场所和安全防护用具、机械设备、施工机具及配件符合有关安全生产法律、法规、标准和规程的要求；（现场管理）

（9）有职业危害防治措施，并为作业人员配备符合国家标准或者行业标准的安全防护用具和安全防护服装；（职业病防治）

两应急：危险性较大、易发生事故；安全事故

（10）有对危险性较大的分部分项工程及施工现场易发生重大事故的部位、环节的预防、监控措施和应急预案；（应急预案）

（11）有生产安全事故应急救援预案、应急救援组织或人员，配备必要的器材、设备等；（应急预案）

（12）其他。

▶ 考点 2　安全生产许可证的有效期和政府监管的规定

一、安全生产许可证的申请

省、自治区、直辖市人民政府建设主管部门负责建筑施工企业安全生产许可证的颁发和管理，并接受国务院建设主管部门的指导和监督。

二、安全生产许可证有效期

（一）安全生产许可证有效期与施工许可证、开工报告的对比（表 6-1-1）

安全生产许可证与施工许可证、开工报告的对比　　　　表 6-1-1

	施工许可证	开工报告	安全生产许可证
办理单位	建设单位	建设单位	施工单位
有效期	3 个月	6 个月	3 年
延期	期满前办理，可以延期 2 次，每次不超过 3 个月	不予延期	期满前 3 个月办理：（1）守法；（2）无死亡事故；（3）发证机关同意延期 3 年
办理条件（口诀）	地划地施，图安钱他	钱测图地	三安三考两保险现场职业病两应急

（二）安全生产许可证的其他规定

（1）变更：企业变更名称、地址、法定代表人等，在变更后 10 日内，到原颁证机关办理变更手续。

（2）注销：企业破产、倒闭、撤销的，应当将安全生产许可证交回原颁证机关，并予以注销。

（3）遗失：建筑施工企业安全生产许可证遗失补办，由申请人告知资质许可机关，由资质许可机关在官网发布信息。

三、政府监管

安全生产许可证颁发管理机关或者其上级行政机关发现有下列情形之一的，可以撤销已经颁发的安全生产许可证：

（1）安全生产许可证颁发管理机关工作人员滥用职权、玩忽职守颁发安全生产许可证的；

（2）超越法定职权颁发安全生产许可证的；

（3）违反法定程序颁发安全生产许可证的；

（4）对不具备安全生产条件的建筑施工企业颁发安全生产许可证的；

（5）依法可以撤销已经颁发的安全生产许可证的其他情形。

▶ 考点 3　违法行为应承担的法律责任

违法行为应承担的法律责任

（1）未取得安全生产许可证擅自生产的，责令停止生产，没收违法所得，并处 10 万元以上 50 万元以下的罚款。

（2）安全生产许可证有效期满未办理延期手续，继续进行生产的，责令停止生产，限期补办延期手续，没收违法所得，并处 5 万元以上 10 万元以下的罚款。

（3）建筑施工企业转让安全生产许可证的，没收违法所得，处 10 万元以上 50 万元以下的罚款，并吊销安全生产许可证；构成犯罪的，依法追究刑事责任；接受转让的，依照无证施工的规定处罚。

（4）建筑施工企业隐瞒有关情况或者提供虚假材料申请安全生产许可证的，不予受理或者不予颁发安全生产许可证，并给予警告，1年内不得申请安全生产许可证。

（5）建筑施工企业以欺骗、贿赂等不正当手段取得安全生产许可证的，撤销安全生产许可证，3年内不得再次申请安全生产许可证；构成犯罪的，依法追究刑事责任。

（6）取得安全生产许可证的建筑施工企业，发生重大安全事故的，暂扣安全生产许可证并限期整改。

强化练习

1. ［2020年真题］根据《建筑施工企业安全生产许可证管理规定》，建筑施工企业申请安全生产许可证时，应当向住房城乡建设主管部门提供的材料是（　　　）。

A. 企业资质证书　　　B. 营业执照　　　　C. 审计报告　　　　D. 安全生产承诺书

2. ［2020年真题］根据《建筑施工企业生产许可证管理规定》，下列安全生产许可证违法行为中，罚款额度区间最小的是（　　　）。

A. 未取得安全生产许可证从事施工活动

B. 转让安全生产许可证

C. 冒用安全生产许可证

D. 安全生产许可证有效期满未办理延期手续继续从事施工活动

3. ［2020年真题］根据《建筑施工企业安全生产许可管理规定》，建筑施工企业取得安全生产许可证应当具备的条件有（　　　）。

A. 有严格的职业危害防治措施，并为施工现场管理人员配备符合国家标准或者行业标准的安全防护用具和安全防护服

B. 建立、健全安全生产责任制，制定完备的安全生产规章制度和操作规程

C. 主要负责人、项目负责人、专职安全生产管理人员经建设主管部门或者其他安全生产主管部门考核合格

D. 特种作业人员经有关业务主管部门考核合格，取得特种作业操作资格证书

E. 有生产安全事故应急救援预案、应急救援组织或者应急救援人员，配备必要的应急救援器材、设备

4. ［2019年真题］根据《建筑施工企业安全生产许可证管理规定》，建筑施工企业取得安全生产许可证，应当经过住房和城乡建设主管部门或者其他有关部门考核合格的人员是（　　　）。

A. 主要负责人、部门负责人和项目负责人

B. 主要负责人、项目负责人和专职安全生产管理人员

C. 部门负责人、项目负责人和专职安全生产管理人员

D. 主要负责人、项目负责人和从业人员

5. [2019年真题] 安全生产许可证颁发管理机关发现施工企业不再具备安全生产条件时，可以采取的措施是（　　）。

A. 撤销安全生产许可证　　　　　　　B. 责令停业

C. 暂扣安全生产许可证　　　　　　　D. 处以罚款

6. [2019年真题] 关于施工许可证与已确定的施工企业安全生产许可证之间关系的说法，正确的有（　　）。

A. 施工许可证以安全生产许可证的取得为前提

B. 施工许可证与安全生产许可证无关

C. 安全生产许可证以施工许可证的取得为前提

D. 因吊销安全生产许可证更换施工企业的，施工许可证应当重新申请领取

E. 施工许可证与安全生产许可证的持证主体相同

7. [2018年真题] 根据《建筑施工企业安全生产许可证管理规定》关于安全生产许可证的说法正确的有（　　）。

A. 施工企业未取得安全生产许可证的不得从事建筑施工活动

B. 施工企业变更法定代表人的不必办理安全生产许可证变更手续

C. 对没有取得安全生产许可证的施工企业所承包的项目不得颁发施工许可

D. 施工企业取得安全生产许可证后不得降低安全生产条件

E. 未发生死亡事故的安全生产许可证有效期届满时自动延期

8. [2017年真题] 根据《安全生产许可证条例》，企业取得安全生产许可证应当具备的条件有（　　）。

A. 管理人员和作业人员每年至少进行1次安全生产教育培训并考核合格

B. 依法为施工现场从事危险作业人员办理意外伤害保险，为从业人员交纳保险费

C. 保证本单位安全生产条件所需资金的投入

D. 有职业危害防治措施，并为作业人员配备符合相关标准的安全防护用具和安全防护服装

E. 依法办理了建筑工程一切险及第三者责任险

9. [2017年真题] 根据《建筑施工企业生产许可证管理规定》安全生产许可证颁发管理机关可以撤销已经颁发的安全生产许可证的情形有（　　）。

A. 安全许可证颁发管理机关工作人员滥用职权颁发安全生产许可证的

B. 安全许可证颁发管理机关工作人员超越法定职权颁发安全生产许可证的

C. 安全许可证颁发管理机关工作人员违反法定程序颁发安全生产许可证的

D. 安全许可证颁发管理机关工作人员对不具备安全生产条件的施工企业颁发安全生产许可证的

E. 取得安全生产许可证的施工企业发生较大安全生产事故的

10.［2016年真题］关于安全生产许可证有效期的说法，正确的有（　　　）。

A.安全生产许可证的有效期为3年

B.施工企业应当向原安全生产许可证颁发管理机关办理延续手续

C.安全生产许可证有效期满需要延期的，施工企业应当于期满前1个月办理延期手续

D.施工企业在安全生产许可证有效期内，严格遵守有关安全生产的法律法规，未发生死亡事故的，安全生产许可证有效期届满时，自动延期

E.安全生产许可证有效期延期3年

11.［2016年真题］下列建筑施工企业安全生产许可证违法行为中，应当承担"吊销安全生产许可证"法律责任的违法行为是（　　　）。

A.取得安全生产许可后，发生较大安全事故的

B.转让安全生产许可证擅自进行生产的

C.未取得安全生产许可证擅自进行生产的

D.安全生产许可有效期满未办理延期手续，继续从事建筑施工活动的

参考答案

1. B；2. D；3. B、C、D、E；4. B；5. C；6. A、D；7. A、C、D；8. A、B、C、D；9. A、B、C、D；10. A、B、E；11. B

第二节　施工安全生产责任和安全生产教育培训制度

 学习指导

本节主要介绍了施工单位的安全生产责任、安全生产原则以及安全生产教育培训。重点讲解了安全责任的具体规定、主要负责人、项目负责人的安全责任等内容。考生在学习中，需要勤做对比，精确区分。

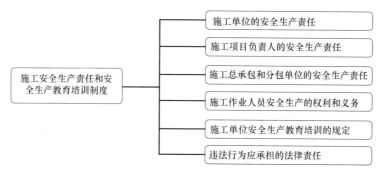

考点 1　施工单位的安全生产责任

一、施工安全生产管理方针

安全生产工作应当以人为本，坚持安全发展，坚持安全第一、预防为主、综合治理的方针。

二、施工单位的安全生产责任制度

（一）施工单位主要负责人对安全生产工作全面负责

《安全生产法》规定，生产经营单位的主要负责人对本单位的安全生产工作全面负责。生产经营单位的主要负责人对本单位安全生产工作负有下列职责：（1）建立、健全本单位安全生产责任制；（2）组织制定本单位安全生产规章制度和操作规程；（3）保证本单位安全生产投入的有效实施；（4）督促、检查本单位的安全生产工作。及时消除生产安全事故隐患；（5）组织制定并实施本单位的生产安全事故应急救援预案；（6）及时、如实报告生产安全事故；（7）组织制定并实施本单位安全生产教育和培训计划。

施工单位主要负责人，通常是指对施工单位全面负责，有生产经营决策权的人。具体说，可以是施工企业的董事长，也可以是总经理或总裁等。

（二）施工单位安全生产管理机构和专职安全生产管理人员的职责（表6-2-1）

施工单位安全生产管理机构和专职安全生产管理人员的职责　　　　表 6-2-1

建筑施工企业安全生产管理机构具有以下职责	建筑施工企业安全生产管理机构专职安全生产管理人员在施工现场检查过程中具有以下职责
（1）宣传和贯彻国家有关安全生产法律法规和标准； （2）编制并适时更新安全生产管理制度并监督实施； （3）组织或参与企业生产安全事故应急救援预案的编制及演练； （4）组织开展安全教育培训与交流； （5）协调配备项目专职安全生产管理人员； （6）制订企业安全生产检查计划并组织实施； （7）监督在建项目安全生产费用的使用； （8）参与危险性较大工程安全专项施工方案专家论证会； （9）通报在建项目违规违章查处情况； （10）组织开展安全生产评优评先表彰工作； （11）建立企业在建项目安全生产管理档案； （12）考核评价分包企业安全生产业绩及项目安全生产管理情况； （13）参加生产安全事故的调查和处理工作； （14）企业明确的其他安全生产管理职责	（1）查阅在建项目安全生产有关资料、核实有关情况； （2）检查危险性较大工程安全专项施工方案落实情况； （3）监督项目专职安全生产管理人员履责情况； （4）监督作业人员安全防护用品的配备及使用情况； （5）对发现的安全生产违章违规行为或安全隐患，有权当场予以纠正或作出处理决定； （6）对不符合安全生产条件的设施、设备、器材，有权当场作出查封的处理决定； （7）对施工现场存在的重大安全隐患有权越级报告或直接向建设主管部门报告； （8）企业明确的其他安全生产管理职责

（三）建设工程项目安全生产领导小组的职责

建筑施工企业应当在建设工程项目组建安全生产领导小组。建设工程实行施工总承包

图6-2-1　施工企业专职安全生产管理人员

的，安全生产领导小组由总承包企业、专业承包企业和劳务分包企业项目经理、技术负责人和专职安全生产管理人员组成。

（四）专职安全生产管理人员的配备要求

（1）施工企业专职安全生产管理人员（图6-2-1）

（2）项目总承包单位专职安全员的配备（图6-2-2）

图6-2-2　项目总承包单位专职安全员的配备

（3）项目专业承（分）包单位专职安全员的配备

专业承包单位应当配置至少1人，并根据所承担的分部分项工程的工程量和施工危险程度增加。

（4）项目劳务分包单位专职安全员的配备（图6-2-3）

图6-2-3　项目劳务分包单位专职安全员的配备

三、施工单位负责人施工现场带班制度

（1）建筑施工企业负责人，是指企业的法定代表人、总经理、主管质量安全和生产工作的副总经理、总工程师和副总工程师。

（2）建筑施工企业负责人要定期带班检查，每月检查时间不少于其工作日的25%。建筑施工企业负责人带班检查时，做好检查记录，并分别在企业和工程项目存档备查。

（3）现场带班：

① 工程项目进行超过一定规模的危险性较大的分部分项工程施工时；

② 工程项目出现险情或发现重大隐患时，建筑施工企业负责人应到施工现场进行带班检查。

（4）对于有分公司（非独立法人）的企业集团，集团负责人因故不能到现场的，可书面委托工程所在地的分公司负责人对施工现场进行带班检查。

四、重大事故隐患治理挂牌督办制度

生产经营单位应当建立健全生产安全事故隐患排查治理制度，采取技术、管理措施，及时发现并消除事故隐患。

考点 2　施工项目负责人的安全生产责任

（一）施工项目负责人的执业资格和安全生产责任（表6-2-2）

单位主要负责人和项目负责人安全生产责任的区别　　　　表 6-2-2

施工单位主要负责人	施工项目负责人
（1）建立、健全本单位安全生产责任制； （2）组织制定本单位安全生产规章制度和操作规程； （3）保证本单位安全生产投入的有效实施； （4）督促、检查本单位的安全生产工作，及时消除生产安全事故隐患； （5）组织制定并实施本单位的生产安全事故应急救援预案； （6）及时、如实报告生产安全事故； （7）组织制定并实施本单位安全生产教育和培训计划	（1）项目负责人对本项目安全生产管理全面负责； （2）建立项目安全生产管理体系，明确项目管理人员安全职责； （3）落实安全生产管理制度，确保项目安全生产费用有效使用； （4）按规定实施项目安全生产管理，监控危险性较大的分部分项工程； （5）及时排查处理施工现场安全事故隐患，隐患排查处理情况应当记入项目安全管理档案； （6）发生事故时，应当按规定及时报告并开展现场救援； （7）实行总承包的，总包企业项目负责人应当定期考核分包企业

（二）施工单位项目负责人施工现场带班制度（表6-2-3）

施工单位负责人和施工单位项目负责人现场带班的区别　　　　表 6-2-3

	施工单位负责人	施工单位项目负责人
人员	法定代表人、总经理、主管质量安全和生产工作的副总经理、总工程师和副总工程师	项目经理
时间	本月工作日	本月施工时间
比例	25%	80%
现场带班	（1）超过一定规模的危险性较大的分部分项工程施工； （2）出现险情或发现重大隐患	离开现场，要向建设单位请假，批准后可离开，且委托项目相关负责人负责日常工作

考点 3　施工总承包和分包单位的安全生产责任

一、总承包单位应当承担的法定安全生产责任

（1）分包合同应当明确总分包双方的安全生产责任；

（2）统一组织编制建设工程生产安全应急救援预案；

（3）自行完成建设工程主体结构的施工和负责上报施工生产安全事故；

（4）与分包单位就安全生产承担连带责任。

二、分包单位应当承担的法定安全生产责任

（1）分包单位向总承包单位负责，服从总承包单位对施工现场的安全生产管理。

（2）分包单位应当服从总承包单位的安全生产管理，分包单位不服从管理导致生产安全事故的，由分包单位承担主要责任。

⏵考点 4　施工作业人员安全生产的权利和义务

一、施工作业人员依法享有的安全生产保障权利

（1）施工安全生产的知情权和建议权。

（2）施工安全防护用品的获得权。

（3）批评、检举、控告权及拒绝违章指挥权。

（4）紧急避险权：从业人员发现直接危及人身安全的紧急情况时，有权停止作业或者在采取可能的应急措施后撤离作业场所。生产经营单位不得因从业人员在前款紧急情况下停止作业或者采取紧急撤离措施而降低其工资、福利等待遇或者解除与其订立的劳动合同。

（5）获得工伤保险和意外伤害保险赔偿的权利。

（6）请求民事赔偿权。

（7）依靠公会维权和被派遣劳动者的权利。

二、施工作业人员应当履行的安全生产义务

（1）守法遵章和正确使用安全防护用具等的义务。

（2）接受安全生产教育培训的义务。

（3）施工安全事故隐患报告的义务。

（4）被派遣劳动者的义务。

⏵考点 5　施工单位安全生产教育培训的规定

一、施工单位三类管理人员和特种作业人员的培训考核

（一）"安管人员"的考核（表6-2-4）

施工单位三类管理人员和特种作业人员的培训考核　　　　表 6-2-4

	培训种类	适用	培训对象
建设行政主管部门	安全 A 证	岗前培训与上岗资格考试	单位主要负责人
	安全 B 证		项目负责人
	安全 C 证		专职安全生产管理人员
	特种作业资格证		特种作业人员
施工企业	企业安全内训	每年至少一次	全体管理人员和作业人员
	专门安全培训	新岗位、新现场、新技术、新工艺、新设备、新材料	作业人员

（二）特种作业人员的培训考核

建筑施工特种作业包括：

（1）建筑电工；

（2）建筑架子工；

（3）建筑起重信号司索工；

（4）建筑起重机械司机；

（5）建筑起重机械安装拆卸工；

（6）高处作业吊篮安装拆卸工；

（7）经省级以上人民政府建设行政主管部门认定的其他特种工作业。

二、施工单位全员的安全生产教育培训

两新＋四新

（1）两新：作业人员进入新的岗位或者新的施工现场前，应当接受安全生产教育培训。未经教育培训或者教育培训考核不合格的人员，不得上岗作业。建筑企业要对新职工进行至少 32 学时的安全培训，每年进行至少 20 学时的再培训。

（2）生产经营单位采用新工艺、新技术、新材料或者使用新设备，必须了解、掌握其安全技术特性，采取有效的安全防护措施，并对从业人员进行专门的安全生产教育和培训。

三、安全教育培训方式

高危企业新职工安全培训合格后，要在经验丰富的工人师傅带领下，实习至少 2 个月后方可独立上岗。工人师傅一般应当具备中级工以上技能等级，3 年以上相应工作经历。

▶ 考点 6　违法行为应承担的法律责任

违法行为应承担的法律责任

施工管理人员违法行为应承担的法律责任：

注册执业人员未执行法律、法规和工程建设强制性标准的，责令停止执业 3 个月以上 1 年以下；情节严重的，吊销执业资格证书，5 年内不予注册；造成重大安全事故的，终身不予注册；构成犯罪的，依照刑法有关规定追究刑事责任。

强化练习

1. ［2020 年真题］施工总承包单位和分包单位对分包工程安全生产承担的责任是（　　）。

A. 独立责任　　　　　　　　　　B. 按份责任

C. 补充责任　　　　　　　　　　D. 连带责任

2. ［2020 年真题］根据《建筑施工企业安全生产管理机构设置专职安全生产管理人员配备办法》，建筑施工企业安全生产管理机构的职责有（　　）。

A. 建立健全本单位安全生产责任制

B. 查处在建项目违规违章情况

C. 宣传和贯彻国家有关安全生产法律法规和标准

D. 组织开展安全教育培训与交流

E. 参加生产安全事故的调查和处理工作

3. [2019年真题] 根据《安全生产法》，施工企业从业人员发现安全事故隐患，应当及时向（　　）报告。

A. 安全生产监督管理部门或者建设行政主管部门

B. 现场安全生产管理人员或者项目负责人

C. 现场安全生产管理人员或者施工企业负责人

D. 县级以上人民政府或者建设行政主管部门

4. [2016年真题] 关于建筑施工企业负责人施工现场带班制度的说法，正确的是（　　）。

A. 建筑施工企业负责人每月带班检查的时间不少于该月的25%

B. 建筑施工企业负责人带班检查时形成的检查记录仅在工程项目上存档备查即可

C. 超过一定规模的危险性较大的分部分项工程施工时，建筑施工企业负责人应到施工现场进行带班检查

D. 对于有分公司的企业集团，集团负责人因故不能到现场的，必须书面委托集团公司所在地分公司负责人进行带班检查

参考答案

1. D；2. C、D、E；3. C；4. C

第三节　施工现场安全防护制度

 **学习指导**

本节主要介绍了施工单位在保障建设工程施工安全生产的目标下，所需要进行的一系列工作。包括编制安全技术措施、专项施工方案、安全技术交底、施工现场安全防护、安全生产费用的提取和管理、特种设备安全管理等一系列问题。考生在学习中，可以结合工作实践来进行理解。其中，专项施工方案中部分内容与实务教材一致，可以与实务同时记忆。

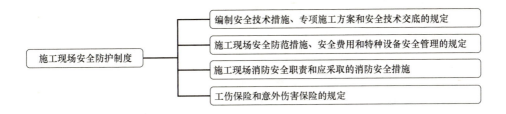

考点 1　编制安全技术措施、专项施工方案和安全技术交底的规定

一、编制安全技术措施、临时用电方案和安全专项施工方案

（一）危大工程安全专项施工方案的编制

（1）对下列达到一定规模的危险性较大的分部分项工程（图6-3-1）编制专项施工方案，并附具安全验算结果，经施工单位技术负责人、总监理工程师签字后实施，由专职安全生产管理人员进行现场监督。

图6-3-1　编制安全专项施工方案

（2）专项施工方案应当由施工单位技术负责人审核签字、加盖单位公章，并由总监理工程师审查签字、加盖执业印章后方可实施。

（3）危大工程实行分包并由分包单位编制专项施工方案的，专项施工方案应当由总承包单位技术负责人及分包单位技术负责人共同审核签字并加盖单位公章。

（4）对于超过一定规模的危大工程，施工单位应当组织召开专家论证会对专项施工方案进行论证。

（5）实行施工总承包的，由施工总承包单位组织召开专家论证会。

（二）危大工程安全专项施工方案的实施

对于按照规定需要验收的危大工程，施工单位、监理单位应当组织相关人员进行验收。验收合格的，经施工单位项目技术负责人及总监理工程师签字确认后，方可进行下一道工序。

二、安全施工技术交底

建设工程施工前，施工单位负责项目管理的技术人员应当对有关安全施工的要求向施工作业班组、作业人员做出详细说明，并由双方签字确认。

▶ 考点 2　施工现场安全防范措施、安全费用和特种设备安全管理的规定

一、施工现场安全防范措施

（一）危险部位设置安全警示标志（符合国家标准）

安全警示标志设置

主体——生产经营单位。

部位——有较大危险因素的生产经营场所和有关设施、设备上：

施工现场入口处、施工起重机械、临时用电设施、脚手架、出入通道口、楼梯口、电梯井口、孔洞口、桥梁口、隧道口、基坑边沿、爆破物及有害危险气体和液体存放处等危险部位。

要求——必须符合国家标准。

（二）不同施工阶段和暂停施工应采取的安全施工措施

（三）施工现场临时设施的安全卫生要求

（1）现场总平布置要求：办公、生活区与作业区分开设置，并保持安全距离；办公、生活区的选址应当符合安全性要求。职工的膳食、饮水、休息场所等应当符合卫生标准（从供餐单位订餐的，应当从有食品生产经营许可的单位）。施工单位不得在尚未竣工的建筑物内设置员工集体宿舍。

（2）施工现场临建应当符合安全使用要求。装配式活动房屋应具有产品合格证。

（四）对施工现场周边的安全防护措施

在城市市区内的建设工程，施工单位应当对施工现场实行封闭围挡。

（五）危险作业的施工现场安全管理

进行可能危及危险化学品管道安全的施工作业，施工单位应当在开工的 7 日前书面通知管道所属单位，并与管道所属单位共同制定应急预案，采取相应的安全防护措施。管道所属单位应当指派专门人员到现场进行管道安全保护指导。

（六）安全防护设备、机械设备等的安全管理。

施工单位采购、租赁的安全防护用具、机械设备、施工机具及配件，应当具有生产（制造）许可证、产品合格证，并在进入施工现场前进行查验。

二、施工单位安全生产费用的提取和使用管理

（一）施工单位安全费用的提取管理（表 6-3-1）

安全生产费用的提取　　　　　　　　　　　　　　　　表 6-3-1

安全生产费用	提取管理		
计提依据	建筑安装工程造价		
标准	矿山 2.5%	房建、水利、电力、铁路、轨道交通 2.0%	市政、冶炼、机电、化工、港口、公路、通信 1.5%

续表

安全生产费用	提取管理
提取后	（1）列入工程造价，竞标时，不得删减，列入标外管理； （2）总包单位应当将安全费用按比例直接支付分包单位并监督使用，分包单位不再重复提取； （3）根据安全生产实际需要，可适当提高安全费用提取标准
包括	文明施工费、环境保护费、临时设施费、安全施工费
报价	投标方安全防护、文明施工措施的报价，不得低于依据工程所在地工程造价管理机构测定费率计算所需费用总额的90%
预付	合同工期在一年以内的，不得低于该费用总额的50%，一年以上的（含一年），预付安全防护、文明施工措施费用不得低于该费用总额的30%
挪用	限期整改，处挪用费用20%以上50%以下罚款，造成损失的，赔偿

（二）施工单位安全费用的使用管理

（1）实行工程总承包的，总承包单位依法将建设工程分包给其他单位的，总承包单位与分包单位应当在分包合同中明确安全防护、文明施工措施费用由总承包单位统一管理。

（2）工程总承包单位对建筑工程安全防护、文明施工措施费用的使用负总责。

（3）总承包单位应当按照本规定及合同约定及时向分包单位支付安全防护、文明施工措施费用。总承包单位不按本规定和合同约定支付费用，造成分包单位不能及时落实安全防护措施导致发生事故的，由总承包单位负主要责任。

三、特种设备安全管理

（一）特种设备的安装、改造和修理（图6-3-2）

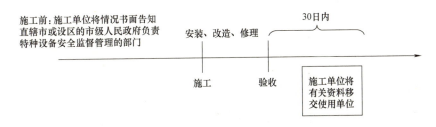

图6-3-2　特种设备的安装、改造和修理

（二）特种设备的使用

（1）登记：在特种设备投入使用前或投入使用后30日内，向负责特种设备安全监督管理的部门办理使用登记，取得使用登记证书（图6-3-3）。

（2）定期检验：特种设备使用单位在检验合格有效期届满前1个月内向特种设备检验机构提出定期检验要求（图6-3-4）。

图6-3-3　特种设备的登记　　　　　　　图6-3-4　特种设备的定期检验

▶ 考点 3　施工现场消防安全职责和应采取的消防安全措施

一、施工单位消防安全责任人和消防安全职责

（1）机关、团体、企业事业单位法定代表人是本单位消防安全第一责任人。

（2）施工单位应当在施工现场建立消防安全责任制度，确定消防安全责任人，制定用火、用电、使用易燃易爆材料等各项消防安全管理制度和操作规程，设置消防通道、消防水源、配备消防设施和防火器材，并在施工现场入口处设置明显标志。

二、施工现场的消防安全要求

（1）不同建筑工程的消防安全要求（表 6-3-2）。

施工现场的消防安全要求　　　　　　　表 6-3-2

建筑工程	期间	限制
公共建筑	营业、使用期间	不得进行外保温材料施工作业
居住建筑	进行节能改造作业期间	应撤离居住人员，并设消防安全巡逻人员，严格分离用火用焊作业与保温施工作业，严禁在施工建筑内安排人员住宿
新建、改建、扩建工程	—	外保温材料一律不得使用易燃材料，严格限制使用可燃材料
其他		建筑室内装饰装修材料必须符合国家、行业标准和消防安全要求

（2）施工现场要设置消防通道并确保畅通。

（3）施工现场要按有关规定设置消防水源。

（4）动用明火必须实行严格的消防安全管理。

（5）施工现场的办公、生活区与作业区应当分开设置，并保持安全距离；施工单位不得在尚未竣工的建筑物内设置员工集体宿舍。

三、施工单位消防安全自我评估和防火检查

要建立消防安全自我评估机制，消防安全重点单位每季度、其他单位每半年自行或委托有资质的机构对本单位进行一次消防安全检查评估，做到安全自查、隐患自除、责任自负。

四、建设工程消防施工的质量和安全责任

建设工程的消防设计、施工必须符合国家工程建设消防技术标准。

五、施工单位的消防安全教育培训和消防演练

（一）在建工程的施工单位应当开展下列消防安全教育工作

（1）建设工程施工前应当对施工人员进行消防安全教育；

（2）在建设工地醒目位置、施工人员集中住宿场所设置消防安全宣传栏，悬挂消防安全挂图和消防安全警示标识；

（3）对明火作业人员进行经常性的消防安全教育；

（4）组织灭火和应急疏散演练。

（二）施工单位的消防演练

施工单位应当根据国家有关消防法规和建设工程安全生产法规的规定，建立施工现场消防组织，制定灭火和应急疏散预案，并至少每半年组织一次演练，提高施工人员及时报警、扑灭初期火灾和自救逃生能力。

▶ 考点 4　工伤保险和意外伤害保险的规定

一、工伤保险的规定

（一）工伤保险的法律规定

《建筑法》规定，建筑施工企业应当依法为职工参加工伤保险缴纳工伤保险费。鼓励企业为从事危险作业的职工办理意外伤害保险，支付保险费。

据此，工伤保险是强制性保险。意外伤害保险则属于法定的鼓励性保险。

（二）工伤保险基金

用人单位应当按时缴纳工伤保险费。职工个人不缴纳工伤保险费。用人单位缴纳工伤保险费的数额为本单位职工工资总额乘以单位缴费费率之积。

（三）工伤认定

1. 认定为工伤和视同工伤（表 6-3-3）

认定为工伤和视同工伤的情形　　　　　　　　表 6-3-3

认定为工伤	视同工伤
（1）在工作时间和工作场所内，因工作原因受到事故伤害的； （2）工作时间前后在工作场所内，从事与工作有关的预备性或者收尾性工作受到事故伤害的； （3）在工作时间和工作场所内，因履行工作职责受到暴力等意外伤害的； （4）患职业病的； （5）因工外出期间，由于工作原因受到伤害或者发生事故下落不明的； （6）在上下班途中，受到非本人主要责任的交通事故或者城市轨道交通、客运轮渡、火车事故伤害的； （7）法律、行政法规规定应当认定为工伤的其他情形	（1）在工作时间和工作岗位，突发疾病死亡或者在 48 小时之内经抢救无效死亡的； （2）在抢险救灾等维护国家利益、公共利益活动中受到伤害的； （3）职工原在军队服役，因战、因公负伤致残，已取得革命伤残军人证，到用人单位后旧伤复发的

2. 不得认定为工伤或者视同工伤

职工符合以上的规定，但是有下列情形之一的，不得认定为工伤或者视同工伤：

（1）故意犯罪的；

（2）醉酒或者吸毒的；

（3）自残或者自杀的。

3. 工伤认定程序（图6-3-5）

职工或者其近亲属认为是工伤，用人单位不认为是工伤的，由用人单位承担举证责任。

4. 工伤认定结果（图6-3-6）

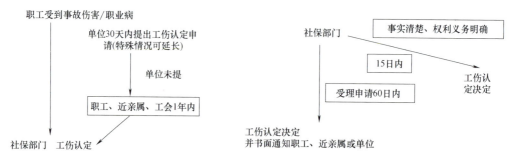

图6-3-5　工伤认定程序　　　　图6-3-6　工伤认定的结果

（四）劳动能力鉴定

申请鉴定的单位或者个人对设区的市级劳动能力鉴定委员会作出的鉴定结论不服的，可以在收到该鉴定结论之日起 15 日内向省、自治区、直辖市劳动能力鉴定委员会提出再次鉴定申请。省、自治区、直辖市劳动能力鉴定委员会作出的劳动能力鉴定结论为最终结论。

自劳动能力鉴定结论作出之日起1年后，工伤职工或者其近亲属、所在单位或者经办机构认为伤残情况发生变化的，可以申请劳动能力复查鉴定。

（五）工伤保险待遇

1. 工伤的治疗

职工治疗工伤应当在签订服务协议的医疗机构就医，情况紧急时可以先到就近的医疗机构急救。

2. 工伤医疗的停工留薪期

职工因工作遭受事故伤害或者患职业病需要暂停工作接受工伤医疗的，在停工留薪期内，原工资福利待遇不变，由所在单位按月支付。停工留薪期一般不超过 12 个月。情况特殊的可延长，但延长不得超过 12 个月。

工伤职工在停工留薪期满后仍需治疗的，继续享受工伤医疗待遇。

（六）工伤保险责任单位（表 6-3-4）

工伤保险责任单位　　　　　　　　　　表 6-3-4

劳动关系	责任
职工与两个或两个以上单位建立劳动关系，工伤事故发生时	职工为之工作的单位为承担工伤保险责任的单位
劳务派遣单位派遣的职工在用工单位工作期间因工伤亡的	派遣单位为承担工伤保险责任的单位
单位指派到其他单位工作的职工因工伤亡的	指派单位为承担工伤保险责任的单位
用工单位违反法律、法规规定将承包业务转包给不具备用工主体资格的组织或者自然人，该组织或者自然人聘用的职工从事承包业务时因工伤亡的	用工单位为承担工伤保险责任的单位
个人挂靠其他单位对外经营，其聘用的人员因工伤亡的	被挂靠单位为承担工伤保险责任的单位

二、建筑意外伤害保险的规定

（一）工伤保险与意外伤害保险的区别（表 6-3-5）

建筑施工企业应当依法为职工参加工伤保险缴纳工伤保险费。鼓励企业为从事危险作业的职工办理意外伤害保险，支付保险费。

工伤保险与意外伤害保险的区别　　　　　表 6-3-5

	工伤保险	意外伤害险
性质	社会保险	商业保险
强制性	强制（"应当依法"）	非强制（"鼓励"）
范围	全部职员或雇工	施工现场从事危险作业的人员
期限	员工工作期间	开工之日—竣工验收合格
缴纳	用人单位缴纳，职工个人不缴纳	意外伤害保险费由施工单位支付。实行施工总承包的，由总承包单位支付意外伤害保险费。工程项目中有分包单位的由总承包施工企业统一办理，分包单位合理承担投保费用。业主直接发包的工程项目由承包企业直接办理

（二）建筑意外伤害保险的保险费和费率

保险费应当列入建筑安装工程费用。保险费由施工企业支付，施工企业不得向职工摊派。

（三）建筑意外伤害保险的投保

施工企业应在工程项目开工前，办理完投保手续。鉴于工程建设项目施工工艺流程中各工种调动频繁、用工流动性大，投保应实行不记名和不计人数的方式。

强化练习

1. [2020年真题] 根据《危险性较大的分部分项工程安全管理规定》，对于按照规定需要进行第三方监测的危大工程，建设单位应当委托具有相应（　　　）资质的单位进行监测。

A. 设计　　　　　　　B. 监理　　　　　　　C. 勘察　　　　　　　　D. 地基检测

2. [2020年真题] 关于工伤认定的说法，正确的是（　　　）。

A. 社会保险行政部门应当对事故伤害进行调查核实

B. 工伤认定决定的时限可以因司法机关尚未作出结论而中止

C. 职工和用人单位对是否是工伤有争议的，实行谁主张、谁举证的原则

D. 工伤认定的决定，由用人单位转交职工本人

3. [2020年真题] 根据《建设工程安全生产管理条例》，下列分部分项工程中，属于达到一定规模的危险性较大的需要编制专项施工方案，并附具安全验算结果的有（　　　）。

A. 基坑支护与降水工程　　　　　　　B. 模板工程

C. 脚手架工程　　　　　　　　　　　D. 装饰装修工程

E. 拆除、爆破工程

4. [2019年真题] 关于建筑意外伤害保险的说法，正确的是（　　　）。

A. 应当由建设单位统一投保　　　　　B. 保险期限自开工之日起算

C. 费用由作业人员负担　　　　　　　D. 保险期至缺陷责任期届满之日止

5. [2019年真题] 关于施工企业安全费用的说法，正确的有（　　　）。

A. 采取经评审的最低投标价法评标的招标项目，安全费用在竞标时可以降低

B. 安全费用以工程造价为计提依据

C. 安全费用不列入工程造价

D. 房屋建筑工程的安全费用计提比例高于市政公用工程

E. 施工总承包单位与分包单位分别计提安全费用

6. [2016年真题] 关于施工企业进行可能危及危险化学品管道安全的施工作业的说法，正确的是（　　　）。

A. 施工企业应当与建设单位共同制定应急预案

B. 施工企业应当在开工日3日前通知管道所属单位

C. 施工企业通知管道所属单位时应采用书面形式

D. 建设单位应当指派专门人员到现场进行管道安全保护指导

7. [2016年真题] 关于安全专项施工方案审核的说法，正确的有（　　　）。

A. 专项方案应当由施工企业技术部门组织本企业施工技术、安全、质量等部门的专项技术人员进行审核

B. 专项方案经审核合格的，由施工企业安全部门负责人签字

C. 实行施工总承包的，专项方案应当由总承包企业技术负责人及相关专业承包单位技术

负责人签字

D. 不需专家论证的专项方案，经施工企业审核合格后报监理单位，由项目总监理工程师审核签字

E. 超过一定规模的危险性较大的分部分项工程专项方案应当由施工企业组织召开专家论证会

强化练习

1. C；2. B；3. A、B、C、E；4. B；5. B、D；6. C；7. A、C、D、E

第四节　施工安全事故的应急救援与调查处理

 学习指导

本节主要围绕安全事故进行讲解。介绍了安全事故的等级划分、安全生产事故应急预案以及安全事故的处理。考生在学习时，需要梳理思路，理清安全事故发生到结束的整个流程。

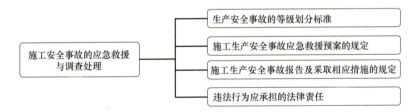

▶ 考点 1　生产安全事故的等级划分标准

一、生产安全事故的等级划分

生产安全事故等级的划分包括了人身、经济和社会 3 个要素（图6-4-1）。

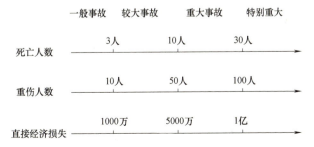

图6-4-1　生产安全事故的等级划分标准

二、生产安全事故等级划分的补充性规定

国务院安全生产监督管理部门可以会同国务院有关部门，制定事故等级划分的补充性规定。

▶ 考点 2　施工生产安全事故应急救援预案的规定

一、施工生产安全事故应急救援预案的编制（表 6-4-1）

施工生产安全事故应急救援预案的编制　　　　　　　表 6-4-1

应急救援预案	内容
综合应急预案	应急组织机构及其职责、应急预案体系、事故风险描述、预警及信息报告、应急响应、保障措施、应急预案管理等
专项应急预案	应急指挥机构与职责、处置程序和措施等
现场处置方案	应急工作职责、应急处置措施和注意事项等

二、施工生产安全事故应急预案的修订、教育培训和演练

（1）建筑施工单位应当至少每半年组织 1 次生产安全事故应急救援预案演练，并将演练情况报送所在地县级以上地方人民政府负有安全生产监督管理职责的部门。

（2）有下列情形之一的，生产安全事故应急救援预案制定单位应当及时修订相关预案：

① 制定预案所依据的法律、法规、规章、标准发生重大变化；

② 应急指挥机构及其职责发生调整；

③ 安全生产面临的风险发生重大变化；

④ 重要应急资源发生重大变化；

⑤ 在预案演练或者应急救援中发现需要修订预案的重大问题；

⑥ 其他应当修订的情形。

三、应急救援队伍与应急值班制度

建筑施工单位应当建立应急救援队伍；其中，小型企业或者微型企业等规模较小的生产经营单位，可以不建立应急救援队伍，但应当指定兼职的应急救援人员，并且可以与邻近的应急救援队伍签订应急救援协议。

四、施工生产安全事故应急预案的修订

发生生产安全事故后，生产经营单位应当立即启动生产安全事故应急救援预案，采取下列一项或者多项应急救援措施，并按照国家有关规定报告事故情况：

（1）迅速控制危险源，组织抢救遇险人员；

（2）根据事故危害程度，组织现场人员撤离或者采取可能的应急措施后撤离；

（3）及时通知可能受到事故影响的单位和人员；

（4）采取必要措施，防止事故危害扩大和次生、衍生灾害发生；

（5）根据需要请求邻近的应急救援队伍参加救援，并向参加救援的应急救援队伍提供相关技术资料、信息和处置方法；

（6）维护事故现场秩序，保护事故现场和相关证据；

（7）法律、法规规定的其他应急救援措施。

五、施工总分包单位的职责分工

实行施工总承包的，由总承包单位统一组织编制建设工程生产安全事故应急救援预案，工程总承包单位和分包单位按照应急救援预案，各自建立应急救援组织或者配备应急救援人员，配备救援器材、设备，并定期组织演练。

▶ 考点 3　施工生产安全事故报告及采取相应措施的规定

一、施工生产安全事故报告的基本要求

生产经营单位发生生产安全事故后，事故现场有关人员应当报告本单位负责人。

事故处理三措施：立即如实上报规定部门；启动应急救援预案，组织抢救；保护事故现场及相关证据。

（一）事故现场有关人员应当立即报告本单位负责人（图6-4-2）

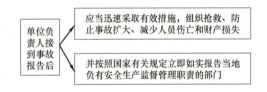

图 6-4-2　单位负责人接到事故报告的处置

不得隐瞒不报、谎报或者拖延不报，不得故意破坏事故现场、毁灭有关证据。

（二）事故报告的时间要求（图6-4-3）

事故发生后：

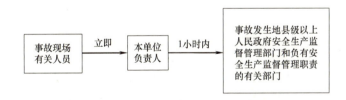

图 6-4-3　事故报告的时间要求

（三）事故报告的内容要求

《生产安全事故报告和调查处理条例》规定，报告事故应当包括下列内容：

（1）事故发生单位概况；

（2）事故发生的时间、地点以及事故现场情况；

（3）事故的简要经过；

（4）事故已经造成或者可能造成的伤亡人数（包括下落不明的人数）和初步估计的直接经济损失；

（5）已经采取的措施；

（6）其他应当报告的情况。

（四）事故补报的要求

（1）事故报告后出现新情况的，应当及时补报；

（2）自事故发生之日起 30 日内，事故造成的伤亡人数发生变化的，应当及时补报；

（3）道路交通事故、火灾事故自发生之日起 7 日内，事故造成的伤亡人数发生变化的，应当及时补报。

二、发生施工生产安全事故后应采取的相应措施

（一）组织应急抢救工作

（二）妥善保护事故现场

《生产安全事故报告和调查处理条例》规定，事故发生后，有关单位和人员应当妥善保护事故现场以及相关证据，任何单位和个人不得破坏事故现场、毁灭相关证据。

确因特殊情况需要移动事故现场物件的，须同时满足以下条件：

（1）抢救人员、防止事故扩大以及疏通交通的需要；

（2）经事故单位负责人或者组织事故调查的安全生产监督管理部门和负有安全生产监督管理职责的有关部门同意；

（3）做出标志，绘制现场简图，拍摄现场照片，对被移动物件贴上标签，并做出书面记录；

（4）尽量使现场少受破坏。

三、施工生产安全事故的调查

（一）事故调查的管辖（表 6-4-2）

事故调查的管辖　　　　　　　　　　　　　　　　表 6-4-2

事故等级	一般事故	较大事故	重大事故	特别重大事故
调查事故政府等级	事故发生地县级人民政府	事故发生地设区的市级人民政府	事故发生地省级人民政府	国务院或者国务院授权有关部门

未造成人员伤亡的一般事故，县级人民政府也可以委托事故发生单位组织事故调查组进行调查。上级人民政府认为必要时，可以调查由下级人民政府负责调查的事故。

（二）事故调查组的组成与职责

1. 事故调查组的组成（表 6-4-3）

事故调查组的组成　　　　　　　　　　　　　　　　表 6-4-3

	事故调查组
原则	精简、高效
成员	由有关人民政府、安全生产监督管理部门、负有安全生产监督管理职责的有关部门、监察机关、公安机关以及工会派人组成

续表

	事故调查组
邀请	应当邀请人民检察院派人参加
聘请	可以聘请有关专家参与调查

2. 事故调查组的职责

事故调查组履行下列职责：（1）查明事故发生的经过、原因、人员伤亡情况及直接经济损失；（2）认定事故的性质和事故责任；（3）提出对事故责任者的处理建议；（4）总结事故教训，提出防范和整改措施；（5）提交事故调查报告。

（三）事故调查组的权利与纪律

（1）事故调查组有权向有关单位和个人了解与事故有关的情况，并要求其提供相关文件、资料，有关单位和个人不得拒绝。

（2）事故调查组成员在事故调查工作中应当诚信公正、恪尽职守，遵守事故调查组的纪律，保守事故调查的秘密。未经事故调查组组长允许，事故调查组成员不得擅自发布有关事故的信息。

（四）事故调查报告的期限与内容

1. 事故调查报告的期限

事故调查组应当自事故发生之日起60日内提交事故调查报告；特殊情况下，经负责事故调查的人民政府批准，提交事故调查报告的期限可以适当延长，但延长的期限最长不超过60日。

2. 事故调查报告的内容

事故报告与调查报告的对比（表6-4-4）。

事故报告与调查报告的对比　　　　　　　　　表6-4-4

事故报告内容	事故调查报告内容
（1）事故发生单位概况； （2）事故发生的时间、地点以及事故现场情况； （3）事故的简要经过； （4）事故已经造成或者可能造成的伤亡人数（包括下落不明的人数）和初步估计的直接经济损失； （5）已经采取的措施； （6）其他应当报告的情况	（1）事故发生单位概况； （2）事故发生经过和事故救援情况； （3）事故造成的人员伤亡和直接经济损失； （4）事故发生的原因和事故性质； （5）事故责任的认定以及对事故责任者的处理建议； （6）事故防范和整改措施

四、施工生产安全事故的处理

（一）事故处理时限和落实批复（图6-4-4）

（二）事故发生单位的防范和整改措施

安全生产监督管理部门和负有安全生产监督管理职责的有关部门应当对事故发生单位落实防范和整改措施的情况进行监督检查。

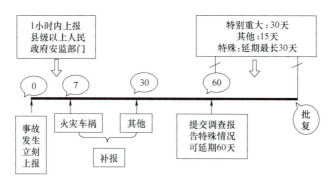

图6-4-4　安全事故的处理过程

（三）处理结果的公布

事故处理的情况由负责事故调查的人民政府或者其授权的有关部门、机构向社会公布，依法应当保密的除外。

▶ **考点 4　违法行为应承担的法律责任**

事故责任单位及主要负责人应承担的法律责任

（1）生产经营单位发生生产安全事故造成人员伤亡、他人财产损失的，应当依法承担赔偿责任；拒不承担或者其负责人逃匿的，由人民法院依法强制执行。

（2）特种设备安全管理人员、检测人员和作业人员不履行岗位职责，违反操作规程和有关安全规章制度，造成事故的，吊销相关人员的资格。

强化练习

1.［2020年真题］根据《生产安全事故应急预案管理办法》，下列内容中属于专项应急预案应当规定的内容是（　　）。

A. 处置程序和措施　　　　　　　　　B. 应急预案体系

C. 事故风险描述　　　　　　　　　　D. 预警及信息报告

2.［2020年真题］根据《生产安全事故应急预案管理办法》，生产经营单位应急预案分为（　　）。

A. 综合应急预案　　　　　　　　　　B. 专项应急预案

C. 总体应急预案　　　　　　　　　　D. 详细应急预案

E. 现场处置方案

3.［2019年真题］根据《生产安全事故报告和调查处理条例》，下列情形中，移动事故现场物件须满足的条件是（　　）。

A. 抢救财产的需要　　　　　　　　　B. 疏通交通的需要

C. 经项目负责人同意　　　　　　　D. 保证移动物件人员的安全

4.［2019年真题］根据《生产安全事故报告和调查处理条例》，应当补报的情形有（　　）。

A. 事故具有持续性的

B. 行业协会要求补报的

C. 事故报告后出现新情况的

D. 火灾事故自发生之起7日内，事故造成的伤亡人数发生变化的

E. 社会关注度较高的

5.［2016年真题］生产安全事故发生后，有关单位和有关人员应当妥善保护事故现场以及相关证据，确因特殊情况需要移动事故现场物件的，必须同时满足的条件有（　　）。

A. 疏散、撤离、安置受到威胁的人员，并采取必要措施防止发生次生、衍生事故

B. 抢救人员、防止事故扩大以及疏散交通的需要

C. 做出标志，绘制现场简图，拍摄现场照片，对被移动物件贴上标签，并做出书面记录

D. 经事故单位负责人或组织事故调查的安全生产监督管理部门和负有安全生产监督职责的有关部门同意

E. 尽量使现场少受破坏

参考答案

1. A；2. A、B、E；3. B；4. C、D；5. B、C、D、E

第五节　建设单位和相关单位的建设工程安全责任制度

 学习指导

本节主要介绍建设单位、勘察单位、设计单位、监理单位、检验检测单位等在建设工程中的安全责任。考生在学习中，要注意对各个单位的安全责任进行区分。

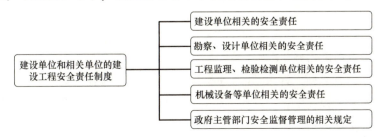

考点 1 建设单位相关的安全责任

（一）建设单位相关的安全责任（图 6-5-1）

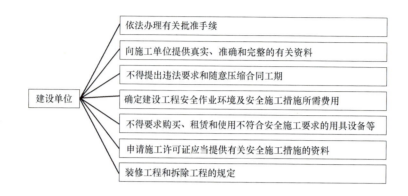

图6-5-1 建设单位相关的安全责任

（二）建设单位相关的安全责任的具体内容

1. 依法办理有关批准手续

有下列情形之一的，建设单位应当按照国家有关规定办理申请批准手续：（1）需要临时占用规划批准范围以外场地的；（2）可能损坏道路、管线、电力、邮电通信等公共设施的；（3）需要临时停水、停电、中断道路交通的；（4）需要进行爆破作业的；（5）法律、法规规定需要办理报批手续的其他情形。

2. 向施工单位提供真实、准确和完整的有关资料

建设单位应当向建筑施工企业提供与施工现场相关的地下管线资料，建筑施工企业应当采取措施加以保护。

3. 申领施工许可证应当提供有关安全施工措施的资料

（1）安全措施资料的提供（表 6-5-1）

安全措施资料的提供   表 6-5-1

开工制度	安全措施资料
施工许可证	领取时，应提供工程有关安全施工措施资料
开工报告	自开工报告批准之日起 15 日内，将保证安全的措施报送建设工程所在地县级以上建设行政主管部门备案

（2）安全措施资料的内容

建设单位在申请领取施工许可证时，应当提供的建设工程有关安全施工措施资料，一般包括：中标通知书，工程施工合同，施工现场总平面布置图，临时设施规划方案和已搭建情况，施工现场安全防护设施搭设（设置）计划、施工进度计划、安全措施费用计划，专项安

全施工组织设计（方案、措施），拟进入施工现场使用的施工起重机械设备（塔式起重机、物料提升机、外用电梯）的型号、数量，工程项目负责人、安全管理人员及特种作业人员持证上岗情况，建设单位安全监督人员名册、工程监理单位人员名册，以及其他应提交的材料。

4. 装修工程和拆除工程的规定

（1）装修工程的规定

涉及建筑主体和承重结构变动的装修工程，建设单位应当在施工前委托原设计单位或者具有相应资质条件的设计单位提出设计方案；没有设计方案的，不得施工。

（2）拆除工程的规定

建设单位应当在拆除工程施工 15 日前，将下列资料报送建设工程所在地的县级以上地方人民政府建设行政主管部门或者其他有关部门备案：①施工单位资质等级证明（谁拆）；②拟拆除建筑物、构筑物及可能危及毗邻建筑的说明（拆什么）；③拆除施工组织方案（怎么拆）；④堆放、清除废弃物的措施（拆完怎么办）。

▶ 考点 2　勘察、设计单位相关的安全责任

一、勘察单位的安全责任

勘察单位应当按照法律、法规和工程建设强制性标准进行勘察，提供的勘察文件应当真实、准确，满足建设工程安全生产的需要。勘察单位在勘察作业时，应当严格执行操作规程，采取措施保证各类管线、设施和周边建筑物、构筑物的安全。

二、设计单位的安全责任

（1）按照法律、法规和工程建设强制性标准进行设计。（2）提出防范生产安全事故的指导意见和措施建议。（3）对设计成果承担责任："谁设计，谁负责"。

▶ 考点 3　工程监理、检验检测单位相关的安全责任

一、工程监理单位的安全责任

（一）对安全技术措施或专项施工方案进行审查

工程监理单位应当审查施工组织设计中的安全技术措施或者专项施工方案是否符合工程建设强制性标准。

（二）依法对施工安全事故隐患进行处理（图 6-5-2）

图 6-5-2　依法对施工安全事故隐患进行处理

（三）承担建设工程安全生产的监理责任

工程监理单位和监理工程师应当按照法律、法规和工程建设强制性标准实施监理，并对建设工程安全生产承担监理责任。

二、设备检验检测单位的安全责任

（一）设备检验检测单位的职责

承担安全评价、认证、检测、检验的机构应当具备国家规定的资质条件，并对其作出的安全评价、认证、检测、检验的结果负责。

（二）设备检验检测单位违法行为应承担的法律责任

承担安全评价、认证、检测、检验工作的机构，出具虚假证明的，没收违法所得；违法所得在 10 万元以上的，并处违法所得 2 倍以上 5 倍以下的罚款；没有违法所得或者违法所得不足 10 万元的，单处或者并处 10 万元以上 20 万元以下的罚款；对其直接负责的主管人员和其他直接责任人员处 2 万元以上 5 万元以下的罚款；给他人造成损害的，与生产经营单位承担连带赔偿责任；构成犯罪的，依照刑法有关规定追究刑事责任。对有前款违法行为的机构，吊销其相应资质。

▶ 考点 4　机械设备等单位相关的安全责任

一、提供机械设备和配件单位的安全责任

为建设工程提供机械设备和配件的单位，应当按照安全施工的要求配备齐全有效的保险、限位等安全设施和装置。

二、出租机械设备和施工机具及配件单位的安全责任

出租的机械设备和施工机具及配件，应当具有生产（制造）许可证、产品合格证。出租单位应当对出租的机械设备和施工机具及配件的安全性能进行检测，在签订租赁协议时，应当出具检测合格证明。禁止出租检测不合格的机械设备和施工机具及配件。

有下列情形之一的建筑起重机械，不得出租、使用：

（1）属国家明令淘汰或者禁止使用的；

（2）超过安全技术标准或者制造厂家规定的使用年限的；

（3）经检验达不到安全技术标准规定的；

以上三项，出租单位或者自购建筑起重机械的使用单位应当予以报废，并向原备案机关办理注销手续

（4）没有完整安全技术档案的；

（5）没有齐全有效的安全保护装置的。

三、施工起重机械和自升式架设设施安装、拆卸单位的安全责任

（一）安装、拆卸施工起重机械和自升式架设设施必须具备相应的资质

在施工现场安装、拆卸施工起重机械和整体提升脚手架、模板等自升式架设设施，必须由具有相应资质的单位承担。

（二）编制安装、拆卸方案和现场监督

安装、拆卸施工起重机械和整体提升脚手架、模板等自升式架设设施，应当编制拆装方案、制定安全施工措施，并由专业技术人员现场监督。

（三）出具自检合格证明、进行安全使用说明、办理验收手续的责任

（1）施工起重机械和整体提升脚手架、模板等自升式架设设施安装完毕后，安装单位应当自检，出具自检合格证明，并向施工单位进行安全使用说明，办理验收手续并签字。

（2）建筑起重机械安装完毕后，使用单位应当组织出租、安装、监理等有关单位进行验收，或者委托具有相应资质的检验检测机构进行验收。建筑起重机械经验收合格后方可投入使用，未经验收或者验收不合格的不得使用。实行施工总承包的，由施工总承包单位组织验收。

（四）依法对施工起重机械和自升式架设设施进行检测

施工起重机械和整体提升脚手架、模板等自升式架设设施的使用达到国家规定的检验检测期限的，必须经具有专业资质的检验检测机构检测。

（五）机械设备等单位违法行为应承担的法律责任

出租单位出租未经安全性能检测或者经检测不合格的机械设备和施工机具及配件的，责令停业整顿，并处 5 万元以上 10 万元以下的罚款；造成损失的，依法承担赔偿责任。

考点 5　政府主管部门安全监督管理的相关规定

一、建设工程安全生产的监督管理体制

《安全生产法》规定，国务院安全生产监督管理部门依照本法，对全国安全生产工作实施综合监督管理；县级以上地方各级人民政府安全生产监督管理部门依照本法，对本行政区域内安全生产工作实施综合监督管理。

二、建立安全生产的举报制度、相关信息系统和淘汰严重危及施工安全的工艺设备材料

《建设工程安全生产管理条例》规定，国家对严重危及施工安全的工艺、设备、材料实行淘汰制度。具体目录由国务院建设行政主管部门会同国务院其他有关部门制定并公布。

强化练习

1.［2020 年真题］根据《建筑起重机械安全监督管理规定》，关于建筑起重机械安装、拆卸单位的安全责任的说法，正确的是（　　）。

A. 使用单位和安装单位就安全生产承担连带责任

B. 安装完毕后，应当自检并出具自检合格证明

C. 建筑起重机械安装、拆卸工程专项方案应当由本单位安全负责人签字

D. 建筑起重机械安装、拆卸工程专项施工方案报审后，应当告知工程所在地安全监督管理部门

2. ［2020年真题］根据《建设工程安全生产管理条例》，建设单位的安全生产责任有（　　）。

A. 需要进行爆破作业的，办理申请批准手续

B. 提出防范生产安全事故的指导意见和措施建议

C. 不得要求施工企业购买不符合安全施工的用具设备

D. 对安全技术措施或专项施工方案进行审查

E. 申领施工许可证应当提供有关安全施工措施资料

3. ［2019年真题］下列责任中，属于设计单位安全责任的是（　　）。

A. 确定安全施工措施所需费用

B. 对施工安全技术措施进行审查

C. 审查专项施工方案是否符合工程建设强制性标准

D. 对涉及施工安全的重点部位和环节在设计文件中注明，并对防范生产安全事故提出指导意见

4. ［2019年真题］使用承租的机械设备和施工机具及配件的，由（　　）共同进行验收。

A. 建设单位、监理单位和施工企业

B. 监理单位、施工企业和安装单位

C. 施工总承包单位、分包单位、出租单位和安装单位

D. 建设单位、施工企业和安全生产监督管理部门

5. ［2019年真题］下列属于工程监理单位的安全生产责任的有（　　）。

A. 安全设备合格审查　　　　　　　B. 安全技术措施审查

C. 专项施工方案审查　　　　　　　D. 施工安全事故隐患报告

E. 施工招标文件审查

6. ［2016年真题］关于建设单位安全责任的说法，正确的是（　　）。

A. 建设单位不得调整合同工期

B. 需要进行爆破作业的，建设单位应当委托施工企业办理申请批准手续

C. 建设单位应当在拆除工程施工前告知施工企业，将施工企业资质等级证明和拆除施工组织方案送有关部门备案

D. 建设单位应当向施工企业提供毗邻区的地下管线资料并保证资料的真实、准确、完整

7. ［2016年真题］根据《建筑起重机械安全监督管理规定》，关于建筑起重机械安装单位安全责任的说法，正确的是（　　）。

A. 安装单位应当与建设单位签订建筑起重机械安装工程安全协议书

B. 施工总承包企业不负责对建筑起重机械安装工程专项施工方案进行审查

C. 建筑起重机械安装完毕后，建设主管部门应当参加验收

D. 建筑起重机械安装完毕后，安装单位应当自检，出具自检合格证明

参考答案

1. B；2. A、C、E；3. D；4.C；5. B、C、D；6. D；7. D

第七章

建设工程质量法律制度

本章近三年考情

本章近三年考试真题分值统计　　　　　　　（单位：分）

年份 节	2018 年	2019 年	2020 年
第一节　工程建设标准	4	4	4
第二节　施工单位的质量责任和义务	4	4	5
第三节　建设单位及相关单位的质量责任和义务	4	4	4
第四节　建设工程竣工验收制度	4	4	2
第五节　建设工程质量保修制度	4	4	4

第一节　工程建设标准

学习指导

本节主要介绍了工程建设标准的分类及实施。其中，工程建设标准分为国家标准、行业标准、企业标准、地方标准、培育发展团体标准等；工程建设标准的实施主要是各单位的实施。考生在学习中，需要重点掌握国家标准和行业标准分类，以及各单位对强制性标准的实施。

考点 1　工程建设标准的分类

一、工程建设标准的分类

工程建设标准的分类（图 7-1-1）

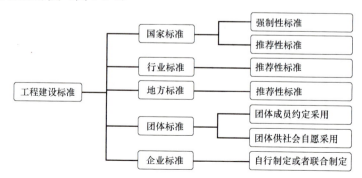

图7-1-1　工程建设标准的分类

二、工程建设国家标准

（一）工程建设国家标准的范围和类型（表 7-1-1）

工程建设国家标准的范围和类型　　　　表 7-1-1

国家标准	强制性国家标准
（1）工程建设勘察、规划、设计、施工（包括安装）及验收等通用的质量要求	（1）工程建设勘察、规划、设计、施工（包括安装）及验收等通用的综合性标准和重要的通用的质量标准
（2）工程建设通用的有关安全、卫生和环境保护的技术要求	（2）工程建设通用的有关安全、卫生和环境保护的标准
（3）工程建设通用的术语、符号、代号、量与单位、建筑模数和制图方法	（3）工程建设重要的通用的术语、符号、代号、量与单位、建筑模数和制图方法标准
（4）工程建设通用的试验、检验和评定等方法	（4）工程建设重要的通用的试验、检验和评定等标准
（5）工程建设通用的信息技术要求	（5）工程建设重要的通用的信息技术标准
（6）国家需要控制的其他工程建设通用的技术要求	（6）国家需要控制的其他工程建设通用的标准

（二）工程建设国家标准的制定程序

制定国家标准的工作程序分为准备、征求意见、送审和报批四个阶段进行。

（三）工程建设国家标准的审批发布和编号

（1）审批发布：工程建设国家标准由国务院工程建设行政主管部门审批，由国务院标准化主管部门和国务院工程建设行政主管部门联合发布。

（2）编号：强制性国家标准的编号为"GB"，推荐性国家标准的代号为"GB/T"。由国务院标准化主管部门统一编号。

（四）国家标准的复审与修订

国家标准实施后每 5 年复审一次。复审后，标准管理单位应当提出继续有效、予以修订或废止意见。

三、工程建设行业标准

（一）工程建设行业标准的范围

没有国家标准而又需要在全国某个行业范围内统一的技术要求，可以制定行业标准。行业标准在相应的国家标准实施后，应当及时修订或废止。

（二）工程建设行业标准的制定、修订程序与复审

（1）工程建设行业标准的制定、修订程序，也可以按准备、征求意见、送审和报批四个阶段进行。

（2）工程建设行业标准实施后，根据科学技术的发展和工程建设的实际需要，该标准的批准部门应当适时进行复审，确认其继续有效或予以修订、废止。一般也是 5 年复审 1 次。

四、工程建设地方标准

（1）我国幅员辽阔，各地的自然条件差异较大，而工程建设在许多方面要受到自然条件的影响。因此，工程建设标准除国家标准、行业标准外，还需要有相应的地方标准。

（2）为满足自然条件、风俗习惯等特殊技术要求，可以制定地方标准。

五、工程建设团体标准

（1）国家鼓励学会、协会、商会、联合会、产业技术联盟等社会团体协调相关市场主体和创新需要的团体标准，由本团体成员约定采用或者按照本团体的规定供社会自愿采用。

（2）团体标准的技术要求不得低于强制性标准的相关技术要求。

（3）国家鼓励社会团体制定高于推荐性标准相关技术要求的团体标准。

六、工程建设企业标准

（1）企业可以根据需要自行制定企业标准，或者其他企业联合制定企业标准。

（2）国家鼓励社会团体、企业制定高于推荐性标准相关技术要求的团体标准、企业标准。

（3）国家实行团体标准、企业标准自我声明公开和监督制度。

（4）国家鼓励团体标准、企业标准通过标准信息公共服务平台向社会公开。

▶ 考点 2　工程建设强制性标准实施的规定

一、工程建设各方主体实施强制性标准的法律规定（表 7-1-2）

工程建设各方主体实施强制性标准的法律规定　　　　表 7-1-2

单位	实施强制性标准的规定
建设单位	不得以任何理由，不得明示或暗示施工单位、设计单位违反法律法规，降低安全、质量标准
施工、设计单位	对建设单位违反规定提出的降低工程质量的要求，应当予以拒绝
	必须按照强制性标准勘察、设计，并对勘察、设计的结果负责
监理单位	按监理依据监理（法律法规、技术标准、设计文件、施工合同）

二、对工程建设强制性标准的监督检查

（一）监督管理机构及其职责

监督管理机构（表 7-1-3）

对工程建设强制性标准的监督检查——监督管理机构　　　　表 7-1-3

监管主体	监管阶段
规划审查机关	规划
施工图设计文件审查单位	勘察、设计
建筑安全监督管理机构	施工
工程质量监督机构	施工、监理、验收

（二）监督检查的内容和方式

（1）工程建设标准批准部门应当对工程项目执行强制性标准情况进行监督检查（重点检查、抽查和专项检查）。

（2）强制性标准监督检查的内容包括：

①工程技术人员是否熟悉、掌握强制性标准；

②工程项目的规划、勘察、设计、施工、验收等是否符合强制性标准的规定；

③工程项目采用的材料、设备是否符合强制性标准的规定；

④工程项目的安全、质量是否符合强制性标准的规定；

⑤工程项目采用的导则、指南、手册、计算机软件的内容是否符合强制性标准的规定。

强化练习

1. [2020 年真题] 关于工程建设标准的说法，正确的是（　　）。

A. 强制性国家标准由国务院批准发布或者授权批准发布

B. 行业标准可以是强制性标准

C. 国家标准公布后，原有的行业标准继续实施

D. 国家标准的复审一般在颁布后 5 年进行一次

2. [2020 年真题] 关于团体标准的说法，正确的是（　　）。

A. 国家鼓励社会团体制定高于推荐性标准相关技术要求的团体标准

B. 在关键共性技术领域应当利用自主创新技术制定团体标准

C. 制定团体标准的一般程序包括准备、征求意见、送审和报批四个阶段

D. 团体标准对本团体成员强制适用

3. [2020 年真题] 关于工程建设国家标准的制定，国务院标准化行政主管部门负责工程建设强制性国家标准的（　　）。

A. 项目提出 　　　　　　　　　　B. 组织起草

C. 立项 　　　　　　　　　　　　D. 编号和对外通报

E. 征求意见

4. [2019 年真题] 关于团体标准的说法，正确的是（　　）。

A. 在关键共性技术领域应当利用自主创新技术制定团体标准

B. 团体标准的技术要求不得高于强制性标准的相关技术要求

C. 团体标准由依法成立的社会团体协调相关市场主体共同制定

D. 团体标准对本团体成员强制通用

5. [2019 年真题] 关于工程建设企业标准实施的说法，正确的是（　　）。

A. 企业可以不公开其执行的企业标准的编号和名称

B. 企业执行自行制定的企业标准的，其产品的功能指标和性能指标不必公开

C. 国家实行企业标准自我声明公开和监督制度

D. 企业标准应当通过标准信息公共服务平台向社会公开

6. [2019年真题] 根据《实施工程建设强制性标准监督规定》，属于强制性标准监督检查内容的有（　　）。

A. 有关工程技术人员是否熟悉、掌握强制性标准

B. 工程项目的规划、勘察、设计、施工、验收等是否符合强制性标准的规定

C. 工程项目采用的材料、设备是否符合强制性标准的规定

D. 有关行政部门处理重大事故是否符合强制性标准的规定

E. 工程项目中采用的导则、指南、手册、计算机软件的内容是否符合强制性标准的规定

7. [2016年真题] 关于工程建设标准的说法，正确的是（　　）。

A. 国家标准和行业标准均是强制性标准

B. 工程建设国家标准由国务院工程建设主管部门审查批准

C. 公布国家标准后，原有的行业标准继续实施

D. 国家标准的复审一般是在颁布后5年进行一次

8. [2016年真题] 根据《实施过程建设强制性标准监督规定》，属于强制性标准监督检查内容的有（　　）。

A. 工程技术人员是否熟悉、掌握强制性标准

B. 工程项目负责人是否熟悉、掌握强制性标准

C. 工程项目的安全、质量是否符合强制性标准的规定

D. 工程项目所采用的材料、设备是否符合强制性标准的规定

E. 工程项目的规划、勘察、设计、施工、验收等是否符合强制性标准的规定

参考答案

1. A；2. A；3. C、D；4. C；5. C；6. A、B、C、E；7. B；8. A、C、D、E

第二节　施工单位的质量责任和义务

 学习指导

　　本节主要围绕施工单位在建设工程质量上所应当承担的责任和义务来进行展开，主要介绍了施工单位的质量负责、按图施工、材料检验、质量检验返修等内容。其中，材料检验部分的见证取样和送检需要考生做极精细的研究，此处是每年考试的重点。

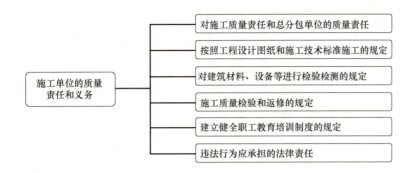

施工单位的质量责任和义务
- 对施工质量责任和总分包单位的质量责任
- 按照工程设计图纸和施工技术标准施工的规定
- 对建筑材料、设备等进行检验检测的规定
- 施工质量检验和返修的规定
- 建立健全职工教育培训制度的规定
- 违法行为应承担的法律责任

考点 1　对施工质量责任和总分包单位的质量责任

一、五方责任主体项目负责人质量终身责任

（1）建筑工程五方责任主体项目负责人是指承担建筑工程项目建设的建设单位项目负责人、勘察单位项目负责人、设计单位项目负责人、施工单位项目经理、监理单位总监理工程师。

（2）建筑工程开工建设前，建设、勘察、设计、施工、监理单位法定代表人应当签署授权书，明确本单位项目负责人。

（3）建筑工程五方责任主体项目负责人质量终身责任，是指参与新建、扩建、改建的建筑工程项目负责人按照国家法律法规和有关规定，在工程设计使用年限内对工程质量承担相应责任。

二、施工单位对施工质量负责

（1）建筑施工企业对工程的施工质量负责。

（2）施工单位应当建立质量责任制，确定工程项目的项目经理、技术负责人和施工管理负责人。

三、总分包单位的质量责任

建筑工程实行总承包的，工程质量由工程总承包单位负责，总承包单位将建筑工程分包给其他单位的，应当对分包工程的质量与分包单位承担连带责任。分包单位应当接受总承包单位的质量管理。合同关系如图 7-2-1 所示。

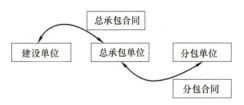

图7-2-1　总分包单位和建设单位的合同关系

考点 2　按照工程设计图纸和施工技术标准施工的规定

一、按图施工，遵守标准（图 7-2-2）

设计单位、建设单位、施工单位的合同关系如图 7-2-2 所示。

施工单位必须按照工程设计图纸（直接依据）和施工技术标准（间接依据）施工，不得擅自修改工程设计，不得偷工减料。

图7-2-2　设计单位、建设单位、施工单位的合同关系

二、防止设计文件和图纸出现差错

（1）工程设计的修改由原设计单位负责（谁设计，谁修改）。

（2）施工单位在施工过程中发现设计文件和图纸有差错的，应当及时提出意见和建议（使得图纸符合设计文件，然后按新的图纸施工）。

（3）施工单位在施工中发现设计图纸有差错，不能直接向设计单位提出，而是顺合同关系，通过建设单位向设计单位提出。

▶ 考点 3　对建筑材料、设备等进行检验检测的规定

一、建筑材料、建筑构配件、设备和商品混凝土的检验制度（围墙外）

施工中所有的材料、构配件、设备、商混（不分甲供乙供），都由施工单位按照：（1）工程设计要求；（2）施工技术标准；（3）合同约定，单独做进场检验，检验不合格不得进场。

二、施工检测的见证取样和送检制度

（一）见证取样和送检的概念

见证取样和送检，是指在建设单位或工程监理单位人员的见证下，由施工单位的现场试验人员对工程中涉及结构安全的试块、试件和材料在现场取样，并送至具有法定资格的质量检测单位进行检测的活动。

（二）需要见证取样的材料

涉及结构安全的试块、试件和材料见证取样和送检的比例不得低于有关技术标准中规定应取样数量的30%。下列试块、试件和材料必须实施见证取样和送检（表 7-2-1）。

需要见证取样的材料　　　　　　　　　　　　　　　表 7-2-1

分类	见证取样的材料
承重	用于承重结构的混凝土试块； 用于承重墙体的砌筑砂浆试块； 用于承重结构的钢筋及连接接头试件； 用于承重墙的砖和混凝土小型砌块； 用于承重结构的混凝土中使用的掺加剂
水泥	用于拌制混凝土和砌筑砂浆的水泥
防水	地下、屋面、厕浴间使用的防水材料
其他	国家规定必须实行见证取样和送检的其他试块、试件和材料

（三）见证人员和取样人员

1. 见证人员

见证人员应由建设单位或该工程的监理单位中具备施工试验知识的专业技术人员担任，

并由建设单位或该工程的监理单位书面通知施工单位、检测单位和负责该项工程的质量监督机构。在施工过程中，见证人员应按照见证取样和送检计划，对施工现场的取样和送检进行见证。

2. 取样人员

取样人员应在试样或其包装上做出标识、封志。标识和封志应标明工程名称、取样部位、取样日期、样品名称和样品数量，并由见证人员和取样人员签字。

3. 责任

见证人员和取样人员应对试样的代表性和真实性负责。

（四）工程质量检测单位的资质和检测规定（表7-2-2）

工程质量检测单位的资质和检测规定　　　　表 7-2-2

	具体规定
性质	具有独立法人资格的中介机构
业务内容	专项检测机构资质和见证取样机构资质
委托	由工程项目建设单位委托具有相应资质的检测机构进行检测
检测报告	（1）检测人员签字； （2）检测机构法定代表人或其授权的签字人签署； （3）加盖公章或检测专用章
归档	建设单位或监理单位确认后，施工单位归档
复检	利害关系人对检测结果发生争议后，由双方共同认可的检测机构复检，提出复检方报当地建设主管部门备案
报告	检测机构检测过程中发现建设、监理、施工单位违法违规、违反强制性标准，以及涉及结构安全检测结果的不合格情况，及时报告工程所在地建设主管部门
台账	检测机构建立档案管理制度，并单独建立检测结果不合格项目台账
受聘	检测人员不得同时受聘于两家及以上的检测机构
回避	检测机构和检测人员不得推荐或监制检测，不得与检测对象有隶属或利害关系
业务	检测机构不得转包检测业务
负责	检测机构应当对其检测数据和检测报告的真实性和准确性负责

▶ 考点 4　施工质量检验和返修的规定

一、施工质量检验制度

（1）隐蔽工程在隐蔽前，施工单位应当及时通知建设单位和建设工程质量监督机构。

（2）隐蔽工程在隐蔽前，施工单位除了要做好检查、检验并做好记录外，还应当及时通知建设单位（实施监理的工程为监理单位）和建设工程质量监督机构，以接受政府监督和向建设单位提供质量保证。

二、建设工程的返修

（一）返修与保修的区分

竣工验收合格后：保修；

竣工验收未合格：返修。

（二）返修的责任承担

（1）对已发现的质量缺陷，建筑施工企业应当修复。

（2）施工单位对施工中出现质量问题的建设工程或者竣工验收不合格的建设工程，应当负责返修。

（3）因施工人原因致使施工质量不符合约定的，发包人有权要求施工人在合理期限内无偿修理、返工或改建。

（4）不论是施工过程中出现质量问题的建设工程，还是竣工验收时发现质量问题的工程，施工单位都要负责返修。

（5）对于非施工单位原因造成的质量问题，施工单位也应当负责返修，但是由此造成的损失及返修费用由责任方承担。

▶ 考点 5　建立健全职工教育培训制度的规定

未经教育培训或者考核不合格的人员，不得上岗作业。

▶ 考点 6　违法行为应承担的法律责任

一、项目经理违法行为应承担的法律责任

1. 符合下列情形之一的，县级以上地方人民政府住房和城乡建设主管部门应当依法追究项目负责人的质量终身责任：

（1）发生工程质量事故；

（2）发生投诉、举报、群体性事件、媒体报道并造成恶劣社会影响的严重工程质量问题；

（3）由于勘察、设计或施工原因造成尚在设计使用年限内的建筑工程不能正常使用；

（4）存在其他需追究责任的违法违规行为。

2. 项目经理违反强制标准的，责令停止执业 3 个月到 1 年；因过错发生质量事故，停止执业 1 年；重大质量事故，吊销资格证书，5 年内不予注册；情节特别恶劣的，终身不予注册。处以单位罚款的 5%~10%，并向社会公布曝光。

二、构成犯罪的追究刑事责任

《建设工程质量管理条例》规定，建设单位、设计单位、施工单位、工程监理单位违反国家规定，降低工程质量标准，造成重大安全事故，构成犯罪的，对直接责任人员依法追究刑事责任。

强化练习

1.［2020年真题］甲施工总承包企业承包某工程项目，将该工程的专业工程分包给乙企业，乙企业再将专业工程的劳务作业分包给丙企业。工程完工后，上述专业工程质量出现问题。经调查，是由于丙企业施工作业不规范导致，则该专业工程的质量责任应当由（　　）。

A. 甲施工总承包企业对建设单位承担责任

B. 丙企业对建设单位承担责任

C. 甲施工总承包企业、乙企业和丙企业对建设单位共同承担责任

D. 甲施工总承包企业和乙企业对建设单位承担连带责任

2.［2020年真题］关于工程质量检测的说法，正确的是（　　）。

A. 检测报告应当由工程质量检测机构法定代表人签署

B. 工程质量检测报告经建设单位或者工程监理单位确认后，由施工企业归档

C. 检测机构是具有独立法人资格的非营利性中介机构

D. 工程质量检测机构不得与建设单位有隶属关系

3.［2020年真题］李某借用甲公司的资质承揽了乙公司的装修工程，因为偷工减料不符合规定的质量标准，所成的损失（　　）承担赔偿责任。

A. 仅由甲公司　　　　　　　　　　　B. 由甲公司和李某共同

C. 仅由乙公司　　　　　　　　　　　D. 仅由李某

4.［2020年真题］在工程监理单位人员的见证下，施工企业的现场试验人员对涉及结构安全的钢筋进行取样，并在钢筋试样或其包装上做标识、封志，该标识和封志应标明（　　）。

A. 工程地点　　　　　　　　　　　　B. 工程名称

C. 取样部位　　　　　　　　　　　　D. 样品名称

E. 取样日期

5.［2019年真题］施工企业在施工过程中，发现设计文件和图纸有差错的应当（　　）。

A. 继续按设计文件和图纸施工

B. 及时向建设单位或监理单位提出意见和建议

C. 对设计文件和图纸进行修改，按修改后的设计文件和图纸进行施工

D. 对设计文件和图纸进行修改，征得设计单位同意后按修改后的设计文件和图纸进行施工

6.［2019年真题］关于建设工程见证取样的说法，正确的是（　　）。

A. 见证人员应当在试样或其包装上做出标识、标志

B. 涉及结构安全的试块、试件和材料见证取样比例不得低于有关技术标准中规定应取样数量的50%

C. 见证人员应当由施工企业中具备施工试验知识的专业技术人员担任

D. 用于承重墙体的砌筑砂浆试块必须实施见证取样

7.［2016年真题］施工企业在施工过程中发现工程设计图纸存在差错的，应（　　）。

A. 经建设单位同意，由施工企业负责修改

B. 经建设单位同意，由设计单位负责修改

C. 由施工企业负责修改，经监理单位审定

D. 经监理单位同意，由建设单位负责修改

8. ［2016年真题］关于建设工程返修中法律责任的说法，正确的是（　　）。

A. 因施工企业原因造成的质量问题，施工企业应当负责返修并承担费用

B. 已发现的工程质量缺陷，由缺陷责任方修复

C. 严重工程质量问题相关责任单位已被撤销的，不可追究项目负责人的责任

D. 建设工程返修的质量问题仅指竣工验收时发现的质量问题

9. ［2016年真题］根据《建筑工程五方责任主体项目负责人质量终身责任追究暂行办法》，发生工程质量事故，施工企业项目经理承担的法律责任有（　　）。

A. 项目经理为注册建造师的，责令停止执业2年

B. 向社会公布曝光

C. 处单位罚款数额5%以上10%以下的罚款

D. 构成犯罪的，依法追究刑事责任

E. 项目经理为注册建造师的，吊销执业资格证书，5年内不予注册

10. ［2016年真题］根据《建筑工程五方责任主体项目负责人质量终身责任追究暂行办法》，下列人员中，属于五方责任主体项目负责人的有（　　）。

A. 建设单位项目负责人　　　　　　B. 监理单位负责人

C. 勘察单位项目负责人　　　　　　D. 施工单位项目经理

E. 造价单位项目负责人

参考答案

1. D; 2. B; 3. B; 4. B、C、D、E; 5. B; 6. D; 7. B; 8. A; 9. B、C、D; 10. A、C、D

第三节　建设单位及相关单位的质量责任和义务

 学习指导

本节主要介绍了施工单位以外的其他单位在工程质量上所承担的责任和义务。包括建设单位、勘察单位、设计单位、监理单位以及政府相关行政部门。其中，建设单位和监理单位是考生学习的重点。

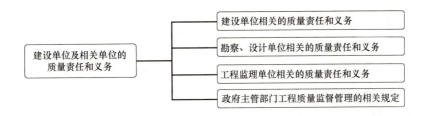

建设单位及相关单位的质量责任和义务
- 建设单位相关的质量责任和义务
- 勘察、设计单位相关的质量责任和义务
- 工程监理单位相关的质量责任和义务
- 政府主管部门工程质量监督管理的相关规定

▶ 考点 1 建设单位相关的质量责任和义务

（一）建设单位相关的质量责任和义务（图7-3-1）

（二）建设单位相关的质量责任和义务的具体内容

1. 依法发包工程

建设单位应当将工程发包给具有相应资质等级的单位。建设单位不得将建设工程肢解发包。建设单位应当依法对工程建设项目的勘察、设计、施工、监理以及与工程建设有关的重要设备、材料等的采购进行招标。

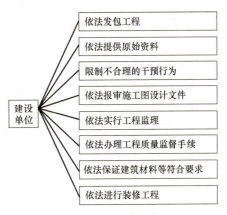

建设单位
- 依法发包工程
- 依法提供原始资料
- 限制不合理的干预行为
- 依法报审施工图设计文件
- 依法实行工程监理
- 依法办理工程质量监督手续
- 依法保证建筑材料等符合要求
- 依法进行装修工程

图7-3-1 建设单位相关的质量责任和义务

2. 依法向有关单位提供原始资料

建设单位必须向有关的勘察、设计、施工、工程监理等单位提供与建设工程有关的原始资料。原始资料必须真实、准确、齐全。

3. 限制不合理的干预行为

建设工程发包单位不得迫使承包方以低于成本的价格竞标，不得任意压缩合理工期。不得明示或者暗示设计单位或者施工单位违反工程建设强制性标准，降低建设工程质量。

4. 依法报审施工图设计文件

建设单位应当将施工图设计文件报县级以上人民政府建设行政主管部门或者其他有关部门审查。未经审查批准的，不得使用。

5. 依法实行工程监理

下列建设工程必须实行监理：

（1）国家重点建设工程；

（2）大中型公用事业工程；

（3）成片开发建设的住宅小区工程；

（4）利用外国政府或者国际组织贷款、援助资金的工程；

（5）国家规定必须实行监理的其他工程。

6. 依法办理工程质量监督手续

（1）建设单位在开工前，应当按照国家有关规定办理工程质量监督手续，工程质量监督手续可以与施工许可证或者开工报告合并办理。

（2）建设单位办理工程质量监督手续，应提供以下文件和资料：

① 工程规划许可证；

② 设计单位资质等级证书；

③ 监理单位资质等级证书；

④ 施工单位资质等级证书及营业执照副本；

⑤ 工程勘察设计文件；

⑥ 中标通知书及施工承包合同等。

7. 依法保证建筑材料等符合要求

按照合同约定，由建设单位采购建筑材料、建筑构配件和设备的，建设单位应当保证建筑材料、建筑构配件和设备符合设计文件和合同要求。建设单位不得明示或者暗示施工单位使用不合格的建筑材料、建筑构配件和设备。

8. 依法进行装修工程

涉及建筑主体和承重结构变动的装修工程，建设单位应当在施工前委托原设计单位或者具有相应资质等级的设计单位提出设计方案；没有设计方案的，不得施工。

9. 建设单位质量违法行为应承担的法律责任

建设单位收到竣工报告后，应当组织设计、施工、工程监理等有关单位进行竣工验收。并在建设工程竣工验收后，及时向建设行政主管部门或者其他部门移交项目档案。

▶ 考点 2　勘察、设计单位相关的质量责任和义务

一、依法承揽工程的勘察、设计业务

勘察、设计不允许转包和违法分包。

二、勘察、设计必须执行强制性标准

《建筑工程五方责任主体项目负责人质量终身责任追究暂行办法》进一步规定，勘察、设计单位项目负责人应当保证勘察设计文件符合法律法规和工程建设强制性标准的要求，对因勘察、设计导致的工程质量事故或质量问题承担责任。

三、勘察单位提供的勘察成果必须真实、准确

四、设计依据和设计深度

设计单位应当根据勘察成果文件进行建设工程设计。设计文件应当符合国家规定的设计深度要求，注明工程合理使用年限。

五、依法规范设计对建筑材料等的选用

除有特殊要求的建筑材料、专用设备、工艺生产线等外，设计单位不得指定生产厂、供应商（注意逻辑：无特殊要求，不得指定；有特殊要求，可以指定。高频考点）。

六、依法对设计文件进行设计交底

依法对设计文件进行技术交底：设计单位应当就审查合格的施工图设计文件向施工单位

进行设计交底。

七、依法参与建设工程质量事故分析

参与工程质量事故分析，对设计造成的质量事故出具技术处理方案。

八、勘察、设计单位质量违法行为应承担的法律责任

▶ 考点 3 工程监理单位相关的质量责任和义务

一、依法承担工程监理业务

工程监理单位应当在其资质等级许可的监理范围内，承担工程监理业务。工程监理单位不得转让监理业务。

二、对有隶属关系或其他利害关系的回避

工程监理单位与被监理工程的施工承包单位以及建筑材料、建筑构配件和设备供应单位有隶属关系或者其他利害关系的，不得承担该项建设工程的监理业务。

三、监理工作的依据和监理责任

（1）监理工作的依据：法律法规，有关技术标准，设计文件，建设工程承包合同。

（2）监理责任：违约责任（监理合同）和违法责任。

四、工程监理的职责和权限

工程监理实行总监理工程师负责制。

（一）工程监理的职责

（1）未经总监理工程师签字，建设单位不拨付工程款，不进行竣工验收。

（2）未经监理工程师签字，建筑材料、建筑构配件和设备不得在工程上使用或者安装，施工单位不得进行下一道工序的施工。

（二）工程监理的权限

（1）监理工程师拥有对建筑材料、建筑构配件和设备以及每道施工工序的检查权。

（2）总监理工程师依法和在授权范围内可以发布有关指令，全面负责受委托的监理工程。

五、工程监理的形式

监理工程师应当按照工程监理规范的要求，采取旁站、巡视和平行检验等形式，对建设工程实施监理。

▶ 考点 4 政府主管部门工程质量监督管理的相关规定

一、我国的建设工程质量监督管理体制

（1）国务院建设主管部门对全国建设工程质量统一监督管理。

（2）任何单位和个人对建设工程质量事故、质量缺陷都有权检举、控告、投诉。

二、政府监督检查的内容和有权采取的措施

县级以上人民政府建设行政主管部门和其他有关部门履行监督检查职责时，有权采取下列措施：

（1）要求被检查的单位提供有关工程质量的文件和资料。

（2）进入被检查单位的施工现场进行检查。

（3）发现有影响工程质量的问题时，责令改正。

三、建设工程质量事故报告制度

建设工程发生质量事故，有关单位应当在 24 小时内向当地建设行政主管部门和其他有关部门报告。

强化练习

1.［2020 年真题］根据《建设工程质量管理条例》，关于建设单位办理工程质量监督手续的说法，正确的是（　　）。

A. 可以在开工后持开工报告办理

B. 应当与施工图设计文件同时进行

C. 可以与施工许可证或者开工报告合并办理

D. 应当在领取施工许可证后办理

2.［2020 年真题］关于设计单位质量责任和义务的说法，正确的是（　　）。

A. 设计文件中选用的建筑材料、建筑构配件和设备，应当注明规格、型号、性能等技术指标

B. 不得任意压缩合理工期

C. 设计单位应当就审查合格的施工图设计文件向建设单位做出详细说明

D. 设计单位应当将施工图设计文件报有关部门审查

3.［2020 年真题］根据《建设工程质量管理条例》，工程监理单位不得与被监理工程的（　　）有隶属关系或者其他利害关系。

A. 建筑材料供应单位　　　　　　　　B. 设计单位

C. 建设单位　　　　　　　　　　　　D. 施工承包单位

E. 设备供应单位

4.［2019 年真题］关于必须实行监理的建设工程的说法，正确的是（　　）。

A. 建设单位须将工程委托给具有相应资质等级的监理单位

B. 建设单位有权决定是否委托某工程监理单位进行监理

C. 监理单位不能与建设单位有隶属关系

D. 监理单位不能与该工程的设计单位有利害关系

5.［2019 年真题］设计单位在设计文件中选用的建筑材料、建筑构配件和设备，应当（　　）。

A. 征求监理单位的意见　　　　　　B. 注明生产厂、供应商

C. 征求施工企业的意见　　　　　　D. 注明规格、型号、性能等技术指标

6.［2016 年真题］关于设计单位质量责任和义务的说法，正确的是（　　　）。

A. 设计单位项目负责人对因设计导致的工程质量问题承担责任

B. 设计单位可以在设计文件中指定建筑材料的供应商

C. 设计单位应当就审查合格的施工图设计文件向建设单位做出详细说明

D. 设计文件应当符合国家规定的设计深度要求，但不必注明工程合理使用年限

参考答案

1. C；2. A；3. A、D、E；4. A；5. D；6. A

第四节　建设工程竣工验收制度

 学习指导

　　本节主要讲解工程项目的施工全过程的最后一道工序——竣工验收。在本节中，要求考生能够熟练掌握竣工验收的主体和法定条件、规划、消防、节能、环保等验收的规定以及计算和质量争议的规定。本节内容较多，不同内容之间有一定的相似，需要考生区分学习。

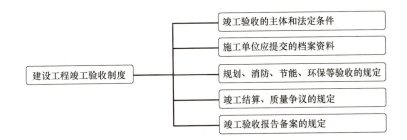

▶ 考点 1　竣工验收的主体和法定条件

一、建设工程竣工验收的主体

（一）竣工验收的主体

建设单位收到建设工程竣工报告后，应当组织设计、施工、工程监理等有关单位进行竣工验收。

（二）竣工总验收组织（表 7-4-1）

竣工总验收组织　　　　　　表 7-4-1

竣工验收	单位
组织	建设单位
参加	施工、监理、设计单位
监管	建管办、质监站

二、竣工验收应当具备的法定条件

（1）已完成设计和合同约定的各项内容；

（2）有完整的技术档案资料和施工管理资料；

（3）有工程所用的主要建筑材料，建筑构配件和设备等进场试验报告；

（4）勘察、设计、施工、监理等单位分别签署的质量合格文件；

（5）有施工单位签署的工程保修书。

考点 2　施工单位应提交的档案资料

施工单位应提交的档案资料

勘察、设计、施工、监理等单位应将本单位形成的工程文件立卷后向建设单位移交。

建设工程项目实行总承包管理的，总包单位应负责收集、汇总各分包单位形成的工程档案，并应及时向建设单位移交；各分包单位应将本单位形成的工程文件整理、立卷后及时移交总包单位。

建设工程项目由几个单位承包的，各承包单位应负责收集、整理立卷其承包项目的工程文件，并应及时向建设单位移交。

考点 3　规划、消防、节能、环保等验收的规定

一、验收中的时间规定（表 7-4-2）

验收中的时间规定　　　　　　表 7-4-2

事项	时间规定
报送城建档案馆	建设单位应当在工程竣工验收后3个月内，向城建档案馆报送一套符合规定的建设工程档案
备案	建设单位应当自建设工程竣工验收合格之日起15日内，将建设工程竣工验收报告和规划、公安消防、环保等部门出具的认可文件或者准许使用文件报建设行政主管部门或者其他有关部门备案
规划验收	建设单位应当在竣工验收后6个月内向城乡规划主管部门报送有关竣工验收资料

二、建设工程竣工规划验收

（1）建设工程竣工后，建设单位应当依法向城乡规划行政主管部门提出竣工规划验收申请，由城乡规划行政主管部门按照选址意见书、建设用地规划许可证、建设工程规划许可证、乡村建设规划许可证及其有关规划的要求，对建设工程进行规划验收。

（2）对于验收合格的，由城乡规划行政主管部门出具规划认可文件或核发建设工程竣工规划验收合格证。

（3）建设单位未在建设工程竣工验收后 6 个月内向城乡规划主管部门报送有关竣工验收资料的，由所在地城市、县人民政府城乡规划主管部门责令限期补报；逾期不补报的，处 1 万元以上 5 万元以下的罚款。

三、建设工程竣工消防验收

国务院住房和城乡建设主管部门规定应当申请消防验收的建设工程竣工，建设单位应当向住房和城乡建设主管部门申请消防验收。

其他建设工程，建设单位在验收后应当报住房和城乡建设主管部门备案，住房和城乡建设主管部门应当进行抽查。依法应当进行消防验收的建设工程，未经消防验收或者消防验收不合格的，禁止投入使用；其他建设工程经依法抽查不合格的，应当停止使用。

四、建设工程竣工环保验收

（1）建设单位应当按照国务院环境保护行政主管部门规定的标准和程序，对配套建设的环境保护设施进行验收，编制验收报告。

（2）分期建设、分期投入生产或者使用的建设项目，其相应的环境保护设施应当分期验收。

五、建设工程节能验收

（1）建设单位组织竣工验收，应当对民用建筑是否符合节能强制性标准进行查验，不符合强制性标准的，不得出具竣工验收合格报告。

（2）建筑节能分部工程验收的组织（表 7-4-3）

建筑节能分部工程验收的组织　　　　　　　　表 7-4-3

验收范围	主持	参加人员	
检验批和隐蔽工程	监理工程师	施工单位相关专业的质量检查员与施工员	—
分项工程	监理工程师		施工单位项目技术负责人，必要时可邀请设计单位相关专业的人员参加
分部工程	总监理工程师（不实行监理的，由建设单位项目负责人）		施工单位项目经理、项目技术负责人，施工单位的质量或技术负责人应参加，设计单位节能设计人员应参加

（3）监理单位不得组织节能工程验收的情形：

① 未完成建筑节能工程设计内容的；

② 隐蔽验收记录等技术档案和施工管理资料不完整的；

③ 工程使用的主要建筑材料、建筑构配件和设备未提供进场检验报告的，未提供相关的节能性能检测报告的；

④ 工程存在违反强制性条文的质量问题而未整改完毕的；

⑤ 对监督机构发出的责令整改内容未整改完毕的；

⑥ 存在其他违反法律、法规行为而未处理完毕。

（4）监理单位应当重新组织建筑节能工程验收的情形：

① 验收组织机构不符合法规及规范要求的；

② 验收人员不具备相应资格的；

③ 验收各方主体验收意见不一致的；

④ 验收程序和执行标准不符合要求的；

⑤ 各方提出的问题未整改完毕的。

（5）总结（表 7-4-4）

建设工程竣工验收的总结　　　　表 7-4-4

竣工验收	验收部门	其他规定	
规划验收	规划局	竣工总验收	建设单位组织
环保验收	建设单位		
消防验收	两类工程：住房和城乡建设部验收 其他工程：建设单位验收，报住房和城乡建设部备案，由住房和城乡建设部抽查		
节能分部验收	总监理工程师主持		

▶ 考点 4　竣工结算、质量争议的规定

一、工程竣工结算

（一）竣工结算文件的编审（表 7-4-5）

竣工结算文件的编制与审查　　　　表 7-4-5

项目	审查
单位工程	承包人编制，发包人审查；实行总承包的工程，由具体承包人编制，在总包人审查的基础上，发包人审查
单项工程竣工结算或建设项目竣工总结算	总（承）包人编制，发包人可直接进行审查，也可以委托具有相应资质的工程造价咨询机构进行审查
政府投资项目	由同级财政部门审查
单项工程竣工结算或建设项目竣工总结算经发、承包人签字盖章后有效	

（二）竣工结算文件的审查期限

单项工程竣工后，承包人应在提交竣工验收报告的同时，向发包人递交竣工结算报告及完整的结算资料，发包人应按以下规定时限进行核对（审查）并提出审查意见（图7-4-1）。

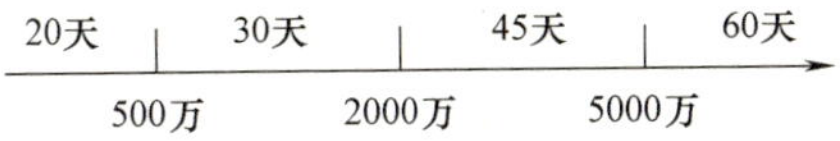

图7-4-1　竣工结算文件的审查期限

建设项目竣工总结算在最后一个单项工程竣工结算审查确认后 15 天内汇总，送发包人后 30 天内审查完成。

（三）工程价款结算争议的处理

当事人对工程造价发生合同纠纷时，可通过下列方法解决：

（1）双方协商确定；

（2）按合同条款约定的办法提请调解；

（3）向有关仲裁机构申请仲裁或向人民法院起诉。

二、竣工工程质量争议的处理

（一）承包方责任的处理

（1）因施工人的原因致使建设工程质量不符合约定的，发包人有权要求施工人在合理期限内无偿修理或者返工、改建。

（2）因承包人的过错造成建设工程质量不符合约定，承包人拒绝修理、返工或者改建，发包人请求减少支付工程价款的，应予支持。

（二）发包方责任的处理

发包人具有下列情形之一，造成建设工程质量缺陷，应当承担过错责任：

（1）提供的设计有缺陷；

（2）提供或者指定购买的建筑材料、建筑构配件、设备不符合强制性标准；

（3）直接指定分包人分包专业工程。

（三）未经竣工验收擅自使用的处理

建设工程未经竣工验收，发包人擅自使用，又以使用部分质量不符合约定为由主张权利的，不予支持；但是承包人应当在建设工程合理使用寿命内对地基基础工程和主体结构质量承担民事责任。

▶ 考点 5　竣工验收报告备案的规定

竣工验收备案的时间及须提交的文件

（1）建设单位应当自建设工程竣工验收合格之日起 15 日内，将建设工程竣工验收报告和规划、公安消防、环保等部门出具的认可文件或者准许使用文件报建设行政主管部门或者其他有关部门备案。

（2）建设单位办理工程竣工验收备案应当提交下列文件：

① 工程竣工验收备案表；

② 工程竣工验收报告；

③ 法律、行政法规规定应当由规划、环保等部门出具的认可文件或者准许使用文件；

④ 法律规定应当由公安消防部门出具的对大型的人员密集场所和其他特殊建设工程验收合格的证明文件；

⑤ 施工单位签署的工程质量保修书；

⑥ 法规、规章规定必须提供的其他文件。住宅工程还应当提交《住宅质量保证书》和《住宅使用说明书》。

强化练习

1. [2020 年真题] 关于建设工程竣工规划验收的说法，正确的是（　　）。

A. 建设工程未经核实或者经核实不符合规划条件的，建设单位不得组织竣工验收

B. 建设单位应当向住房和城乡建设主管部门提出竣工规划验收申请

C. 对于验收合格的建设工程，城乡规划行政主管部门出具建设工程规划许可证

D. 建设单位应当在竣工验收后 3 个月内向城乡规划行政主管部门报送有关竣工验收资料

2. [2020 年真题] 建设工程未经竣工验收，发包人擅自使用后工程出现质量问题。关于该质量责任承担的说法，正确的是（　　）。

A. 承包没有义务进行修复或返修

B. 承包人应当在建设工程的合理使用寿命内对地基基础工程和主体结构质量承担责任

C. 凡不符合合同约定或者验收规范的工程质量问题，承包人均应当承担责任

D. 发包人以使用部分质量不符合约定为由主张权利的，应当予以支持

3. [2019 年真题] 关于建设工程竣工规划验收的说法，正确的是（　　）。

A. 建设工程竣工后，施工企业应当向城乡规划主管部门提出竣工规划验收申请

B. 竣工规划验收合格的，由城乡规划主管部门出具规划认可文件或核发建设工程规划验收合格证

C. 报送有关竣工验收材料必须在竣工后 1 年完成

D. 未在规定时间内向城乡规划主管部门报告竣工验收材料的，责令限期补报，并罚款

4. [2019 年真题] 关于建设工程未经竣工验收，建设单位擅自使用后又以使用部分质量不符合约定为由主张权利的说法，正确的是（　　）。

A. 建设单位以装饰工程质量不符合约定主张保修的，应予支持

B. 凡不符合合同约定或者验收规范的工程质量问题，施工企业均应当承担民事责任

C. 施工企业的保修责任可以全部免除

D. 施工企业应当在工程的合理使用寿命内对地基基础和主体结构质量承担民事责任

5.［2019年真题］根据《最高人民法院关于审理建设工程施工合同纠纷案件适用法律问题的解释》，发包人的下列行为中，造成建设工程质量缺陷，应当承担过错责任的有（　　）。

A. 提供的设计有缺陷

B. 提供的建筑材料不符合强制性标准

C. 同意总承包人选择分包人分包专业工程

D. 指定购买的建筑购配件不符合强制性标准

E. 直接指定分包人分包专业工程

6.［2016年真题］关于竣工工程质量问题处理的方法，正确的是（　　）。

A. 因发包人提供的设计有缺陷，造成建设工程质量缺陷的，发包人不承担责任

B. 因承包人的过错造成的质量问题，发包人可以要求承包人修理、返工，但不能减少支付工程价款

C. 工程竣工时发现质量问题，无论是建设单位还是施工单位责任，施工企业都有义务进行修复或返修

D. 未经竣工验收，发包人擅自使用建设工程的，工程质量责任全部由发包人承担

7.［2016年真题］根据《建设工程质量管理条例》，属于建设工程竣工验收应当具备的条件有（　　）。

A. 施工单位签署的工程保修书

B. 工程监理日志

C. 完成建设工程设计和合同约定的各项内容

D. 完整的技术档案和施工管理资料

E. 工程使用的主要建筑材料、建筑构配件和设备的进场试验报告

参考答案

1. A；2. B；3. B；4. D；5. A、B、D、E；6. C；7. A、C、D、E

第五节　建设工程质量保修制度

 **学习指导**

本节主要介绍了建设工程竣工验收后，所涉及的保修问题。重点讲解了保修书、最低保

修期限以及质量保证金的内容。考生在学习中，需要重点记忆最低保修期限的时间，理解其内涵。同时，需要对保修期和缺陷责任期进行区分学习。

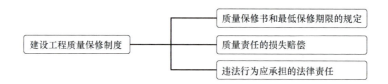

建设工程质量保修制度
- 质量保修书和最低保修期限的规定
- 质量责任的损失赔偿
- 违法行为应承担的法律责任

▶ 考点 1　质量保修书和最低保修期限的规定

一、建设工程质量保修书

（一）质量保修书的提交时间

建设工程承包单位在向建设单位提交工程竣工验收报告时，应当向建设单位出具质量保修书。

（二）建设工程质量保修书的内容

质量保修书中应当明确建设工程的保修范围、保修期限和保修责任等。

二、建设工程质量的最低保修期限（表7-5-1）

（一）工程保修

约定≥法定，按约定；约定＜法定，按法定。

建设工程质量的最低保修期限　　　　　　　　　表 7-5-1

法定保修范围	法定保修期限（最低保修期限）
基础设施工程	设计文件注明的合理使用年限
（房屋建筑工程）地基基础	
（房屋建筑工程）主体结构	
屋面防水工程	5年
有防水要求的卫生间、房间	
外墙面的防渗漏	
外墙保温	
供热系统	2个供暖期（冬天）
供冷系统	2个供冷期（夏天）
电气管线	2年
给排水管道	
设备安装	
装修工程	

（二）建设工程超过合理使用年限后需要继续使用的规定

（1）建设工程在超过合理使用年限后需要继续使用的，产权所有人应当委托具有相应资质等级的勘察、设计单位鉴定，并根据鉴定结果采取加固、维修等措施，重新界定使用期。

（2）经过具有相应资质等级的勘察、设计单位鉴定，制订技术加固措施，在设计文件中重新界定使用期，并经有相应资质等级的施工单位进行加固、维修和补强，该建设工程能达到继续使用条件的就可以继续使用。但是，如果不经鉴定、加固等而违法继续使用的，所产生的后果由产权所有人自负。

▶ 考点 2 质量责任的损失赔偿

一、保修义务的责任落实与损失赔偿责任的承担

（1）建设工程在保修范围和保修期内发生质量问题的，施工单位应当履行保修义务，并对造成的损失承担赔偿责任。

（2）保修人与建筑物所有人或者发包人对建筑物毁损均有过错的，各自承担相应的责任。

二、建设工程质量保证金（表 7-5-2）

（一）缺陷责任期的确定

保修期与缺陷责任期的区别　　　　　　　　　　　　表 7-5-2

	保修期（强制的）	缺陷责任期（非强制的）
法律依据	国务院（1999）《建设工程质量管理条例》	建设部、财政部（2017）《建设工程质量保证金管理暂行办法》
期限	约定≥法定，才有效	一般为 1 年，最长不超过 2 年
起算	竣工验收合格日	工程通过竣工验收之日；（由于承包人原因）实际通过竣工验收日；（由于发包人原因）提交验收报告 90 日后
性质	违反《条例》规定的，承担行政处罚	不得作为执法依据，需在合同中具体约定，违反约定的，承担违约责任

（二）质量保证金的预留与使用管理

（1）缺陷责任期内，实行国库集中支付的政府投资项目，保证金的管理应按国库集中支付的有关规定执行。

（2）缺陷责任期内，如发包方被撤销，保证金随交付使用资产一并移交使用单位管理，由使用单位代行发包人职责。

（3）社会投资项目采用预留保证金方式的，发、承包双方可以约定将保证金交由第三方金融机构托管。

（三）预留保证金的比例

（1）发包人应按照合同约定预留保证金，保证金总预留比例不得高于工程价款结算总额的 3%。

（2）缺陷责任期内，由承包人原因造成的缺陷，承包人应负责维修，并承担鉴定及维修费用。如承包人不维修也不承担费用，发包人可按合同约定从保证金或银行保函中扣除，费用超出保证金额的，发包人可按合同约定向承包人进行索赔。承包人维修并承担相应费用后，不免除对工程的一般损失赔偿责任。

（3）由他人原因造成的缺陷，发包人负责组织维修，承包人不承担费用，且发包人不得从保证金中扣除费用。

（四）质量保证金的返还

缺陷责任期内，承包人认真履行合同约定的责任，到期后，承包人向发包人申请返还保证金。

▶ 考点 3　违法行为应承担的法律责任

（1）施工单位不履行保修义务或者拖延履行保修义务的，责令改正，处 10 万元以上 20 万元以下的罚款，并对在保修期内因质量缺陷造成的损失承担赔偿责任。

（2）缺陷责任期内，由承包人原因造成的缺陷，承包人应负责维修，并承担鉴定及维修费用。

（3）企业申请建筑业企业资质升级、资质增项，在申请之日起前一年至资质许可决定作出前，有未依法履行工程质量保修义务或拖延履行保修义务情形的，资质许可机关不予批准。

强化练习

1. ［2020 年真题］关于建设工程合理使用年限的说法，正确的是（　　）。

A. 建设工程合理使用年限由建设单位决定

B. 超过合理使用年限的建设工程必须报废、拆除

C. 建设工程合理使用年限从工程实际转移占有之日起算

D. 设计文件应当符合国家规定的设计深度要求，并注明工程合理使用年限

2. ［2020 年真题］根据《建设工程质量保证金管理办法》，关于预留质量保证金的说法，正确的是（　　）。

A. 合同约定由承包人以银行保函替代预留保证金的，保函金额不得高于工程价款结算总额的 5%

B. 社会投资项目采用预留保证金方式的，发、承包双方应当将保证金交由第三方金融机构托管

C. 采用工程质量保证担保，工程质量保险等保证方式的，发包人不得再预留保证金

D. 在工程项目竣工前，已经缴纳履约保证金的，发包人可以同时预留工程质量保证金

3.［2020 年真题］根据《建设工程质量保证金管理办法》，关于缺陷责任期的说法，正确的有（　　）。

A. 缺陷责任期由发、承包双方在合同中约定

B. 缺陷责任期从通过竣工验收之日起计

C. 缺陷责任期中的缺陷包括建设工程质量不符合承包合同的约定

D. 缺陷责任期届满，承包人对工程质量不承担责任

E. 由于发包人原因导致工程无法按规定期限进行竣工验收的，缺陷责任期从实际通过竣工验收之日起计

4.［2019 年真题］根据《建设工程质量保证金管理办法》，关于缺陷责任期内建设工程缺陷维修的说法，正确的是（　　）。

A. 如承包人不维修也不承担费用，发包人可以从保证金中扣除，费用超出保证金额的，发包人可以向承包人进行索赔

B. 缺陷责任期内由承包人原因造成的缺陷，承包人应当负责维修，承担维修费用，但不必承担鉴定费用

C. 承包人维修并承担相应费用后，不再对工程损失承担赔偿责任

D. 由他人原因造成的缺陷，承包人负责组织维修，但不必承担费用，且发包人不得从保证金中扣除费用

5.［2019 年真题］在正常使用条件下，关于建设工程质量法定最低保修期限的说法，正确的有（　　）。

A. 屋面防水工程为 5 年

B. 供热与供冷系统为两个采暖期、供冷期

C. 基础设施工程为设计文件规定的该工程的合理使用年限

D. 装修工程为 5 年

E. 给排水管道为 2 年

6.［2016 年真题］建设单位和施工企业经过平等协商确定某屋面防水工程的保修期限为 3 年，工程竣工验收合格移交使用后的第 4 年屋面出现渗漏，则承担该工程维修责任的是（　　）。

A. 施工单位　　　　　　　　　B. 建设单位
C. 使用单位　　　　　　　　　D. 建设单位和施工企业协商确定

参考答案

1. D；2. C；3. A、B、C；4. A；5. A、B、C、E；6. A

第八章

解决建设工程纠纷法律制度

本章近三年考情

节 \ 年份	2018 年	2019 年	2020 年
第一节　建设工程纠纷主要种类和法律解决途径	0	3	3
第二节　民事诉讼制度	6	5	4
第三节　仲裁制度	5	4	4
第四节　调解、和解制度与争议评审	4	2	3
第五节　行政复议和行政诉讼制度	3	4	3

（表标题：本章近三年考试真题分值统计　（单位：分））

第一节　建设工程纠纷主要种类和法律解决途径

学习指导

本节主要介绍了建设工程纠纷的主要种类：民事纠纷和行政纠纷。分别介绍了这两种纠纷的含义和特征。其次，介绍了纠纷的法律解决途径，对每一种都做了简要介绍。学员在学习这一小节内容时，更多的是需要根据知识点对该章建立一个框架式的认知，方便学习后续内容。

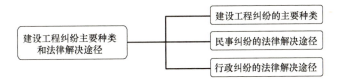

考点 1　建设工程纠纷的主要种类

（一）建设工程纠纷的主要种类（图 8-1-1）

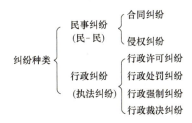

图8-1-1　建设工程纠纷的主要种类

（二）建设工程纠纷的特征（图8-1-2）

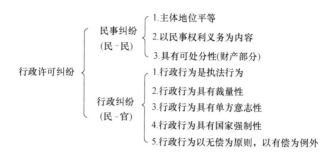

图8-1-2　建设工程纠纷的特征

▶ 考点 2　民事纠纷的法律解决途径

一、民事纠纷的法律解决途径（图 8-1-3）

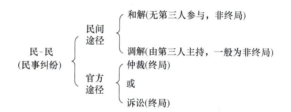

图8-1-3　民事纠纷的法律解决途径

二、民事纠纷的法律解决途径的特征（表 8-1-1）

民事纠纷的法律解决途径的特征　　　　　　　　　　表 8-1-1

民事纠纷解决方式	法律特征	是否终局
和解	（1）可以发生在任何阶段，包括执行和解	非终局性
和解	（2）和解协议不具有强制执行力，依靠当事人自觉履行	非终局性
调解	（1）民间调解与行政调解不具有强制执行力	终局性
调解	（2）人民调解，经司法确认后具有强制执行力	终局性
调解	（3）法院调解和仲裁调解，双方签收后具有强制执行力	终局性
仲裁	（1）需要仲裁协议约定管辖	终局性
仲裁	（2）程序意思自治；不公开审理	终局性
仲裁	（3）一裁终局，裁决书作出即具有强制执行力	终局性
诉讼	（1）一方起诉发动，实行法定管辖	终局性
诉讼	（2）程序法定性；公开审理	终局性
诉讼	（3）原则上二审终审，终审判决作出后具有强制执行力	终局性

三、仲裁的适用范围

（1）仲裁的本质是国家放弃了大部分民间纠纷的管辖权，鼓励民间纠纷民间解决。

（2）平等主体的公民、法人和其他组织之间发生的合同纠纷和其他财产权益纠纷，可以仲裁。但劳动仲裁（伙计 – 老板）和农业承包合同仲裁（村民 – 村委会），有自己的法律，不适用仲裁法。

（3）下列纠纷不能仲裁：

①婚姻、收养、监护、扶养、继承纠纷（家里人 - 家里人）；

②依法应当由行政机关处理的行政争议（民 - 官）。

四、民商事仲裁的特点

（1）仲裁本质上的民间特点。这是最基本、最核心、最主要的特征，其他特征都由此派生而来。

（2）自愿性。当事人关于仲裁的自主约定，是启动仲裁程序的前提要件，没有"约定"就没有"仲裁"。当事人的自愿性是仲裁最突出的特点。

（3）独立性。仲裁机构与权力机关、行政机关、司法机关都没有隶属关系，仲裁机构相互之间也没有隶属关系。

（4）专业性。仲裁机构的仲裁员是来自各行业具有一定专业水平的专家。

（5）保密性。仲裁实行不公开审理，当事人及其他案件参与人不得对外界透露案件实体和程序的有关情况，可以很好保护当事人的商业秘密和商业信誉。

（6）快捷性。仲裁实行一裁终局制度。

（7）裁决在国际上得到承认和执行。仲裁调解和裁决作为终局方式，不但在国内具有强制执行的效力，涉外案件甚至可以根据《承认和执行外国仲裁裁决公约》，在所有缔约国范围内申请强制执行。

五、民事诉讼的特点

当一方当事人把民事纠纷诉诸司法解决，就成了民事诉讼。

（1）公权性。民事诉讼是以司法方式解决平等主体之间的纠纷，是由法院代表国家行使审判权解决民事争议。

（2）强制性。和解、调解、仲裁均建立在双方当事人共同意愿的基础上，只要一方不愿意选择上述方式解决争议，和解、调解、仲裁就无从进行。民事诉讼则不同，只要原告起诉符合法定条件，法院就予以受理。无论被告是否愿意，诉讼均会发生。

（3）程序性。民事诉讼作为司法活动，有法定的形式和程序。当事人在程序上可以自主选择的情况不多。民事诉讼主要分为一审程序、二审程序和执行程序三大诉讼阶段。

▶ 考点 3　行政纠纷的法律解决途径

一、行政纠纷的法律解决途径的选择（图 8-1-4）

图8-1-4　行政纠纷的法律解决途径的选择

二、行政复议和行政诉讼的区别（表 8-1-2）

行政复议和行政诉讼的区别　　　　表 8-1-2

行政纠纷解决方式	管辖	审查特点	审查范围	性质
行政复议	本级政府或上级主管部门	书面审查，不调解	合法性、合理性	非终局（一般）
行政诉讼	法院	公开开庭，不调解	合法性	终局

强化练习

1.［2020年真题］关于民事诉讼基本特征的说法，正确的是（　　　）。

A. 自愿性、独立性、保密性
B. 公权性、强制性、程序性
C. 强制性、程序性、保密性
D. 独立性、专业性、强制性

2.［2019年真题］关于和解的说法，正确的是（　　　）。

A. 和解只能在一审开庭审理前进行

B. 和解是民事纠纷的当事人在自愿互谅的基础上，就已经发生的争议进行协商、妥协与让步并达成协议，自行解决争议的一种方式

C. 和解不可以与仲裁诉讼程序相结合

D. 当事人自行达成的和解协议具有强制执行力

3.［2020年真题］根据《仲裁法》，关于仲裁的说法，正确的有（　　　）。

A. 仲裁机构受理案件的依据是司法行政主管部门的授权

B. 劳动争议仲裁不属于《仲裁法》的调整范围

C. 当事人达成有效仲裁协议后，人民法院仍然对案件享有管辖权

D. 仲裁不公开进行

E. 仲裁裁决作出后，当事人不服的可向人民法院起诉

4.［2019年真题］民事诉讼的基本特征有（　　　）。

A. 自愿性
B. 保密性

C. 公权性　　　　　　　D. 程序性

E. 强制性

参考答案

1. B；2. B；3. B、D；4. C、D、E

第二节　民事诉讼制度

 学习指导

本节主要介绍了民事诉讼当中的基本知识，包括管辖、证据、诉讼时效、一审、二审、执行等内容。其中，管辖、证据、诉讼时效的内容对考生学习的要求较高，要求精确理解及记忆，一审、二审、执行的内容对考生要求较低，考频也较低，主要做了解掌握。

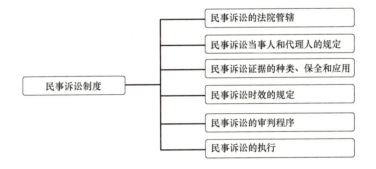

▶ 考点 1　民事诉讼的法院管辖

一、级别管辖与地域管辖（表 8-2-1）

级别管辖与地域管辖的规定　　　　　　　　表 8-2-1

管辖类别		管辖规定
级别管辖		案件大小、影响决定审级
地域管辖	一般管辖	被告住所地、经常居住地（原告就被告）
	协议管辖	仅适用于合同、财产纠纷
	专属管辖	仅适用于不动产、港口、继承纠纷、建设工程施工合同纠纷

二、协议管辖

（1）除施工合同，房屋买卖合同等专属管辖情况外，合同当事人可以通过书面协议从被告住所地、合同履行地、原告住所地、合同签订地、标的物所在地（5家）法院中选择确定一家管辖法院，并只能在约定的法院起诉。

（2）如无约定、约定不明或约定错误，则向被告住所地或合同履行地法院起诉。

三、移送管辖

人民法院发现受理的案件不属于本院管辖的，应当移送有管辖权的人民法院，受移送的人民法院应当受理。受移送的人民法院认为受移送的案件依照规定不属于本院管辖的，应当报请上级人民法院指定管辖，不得再自行移送。

四、指定管辖

（1）有管辖权的人民法院由于特殊原因，不能行使管辖权的，由上级人民法院指定管辖。

（2）人民法院之间因管辖权发生争议，由争议双方协商解决；协商解决不了的，报请其共同上级人民法院指定管辖。

五、管辖权异议

（1）当事人对管辖权有异议的，应当在提交答辩状期间提出。异议成立的，裁定将案件移交有管辖权的人民法院。

（2）人民法院受理案件后，当事人对管辖权有异议的，应当在提交答辩状期间（即被告收到起诉状副本之日起15日内）提出。

（3）法院对异议审查后作出裁定，当事人不服裁定的，可以在10日内提起上诉。

六、管辖权转移（表8-2-2）

移送管辖与管辖权转移的对比　　　　　　　　表 8-2-2

	移送管辖	管辖权转移
方向	没有管辖权的法院把案件移送给有管辖权的法院审理（无→有）	有管辖权的法院把案件转移给原来没有管辖权的法院审理（有→无）
级别	可能在上下级法院之间或者在同级法院间发生	仅限于上下级法院之间
程序	程序上不完全相同	—

▷考点 2　民事诉讼当事人和代理人的规定

一、当事人

（1）广义的民事诉讼当事人包括原告、被告、共同诉讼人和第三人。

（2）法人作为当事人的，由其法定代表人进行诉讼。其他组织作为当事人的，由其主要负责人进行诉讼。

二、共同诉讼人

共同诉讼人，是指当事人一方或双方为二人以上（含二人），诉讼标的是共同的；或者诉讼标的是同一种类、人民法院认为可以合并审理并经当事人同意，一同在人民法院进行诉讼的人。

三、第三人

（1）第三人是指对他人争议的诉讼标的有独立请求权（简称为"有独三"），或者虽无独立的请求权，但案件处理结果与其有法律上的利害关系，而参加到已经开始的诉讼中的人（"无独三"）。

（2）针对当事人双方的诉讼标的，第三人认为有独立请求的，有权提起诉讼（以本诉的原告和被告作为共同被告）。

（3）针对当事人双方的诉讼标的，第三人没有独立请求，但案件处理与他有法律上利害关系的，可以申请参加诉讼，法院也可以通知他诉讼。

（4）人民法院判决承担民事责任的无独立请求权的第三人，对第一审人民法院判决不服的，有权提起上诉。

（5）第三人因不能归责于本人的事由未参加诉讼，但有证据证明发生法律效力的判决、裁定、调解书的部分或者全部内容错误，损害其民事权益的，可以自知道或者应当知道其民事权益受到损害之日起 6 个月内，向作出该判决、裁定、调解书的人民法院提起诉讼。

四、诉讼代理人

（1）当事人、法定代理人可以委托 1～2 人作为诉讼代理人。

（2）下列人员可以被委托为诉讼代理人：①律师、基层法律服务工作者；②当事人的近亲属或者工作人员；③当事人所在社区、单位以及有关社会团体推荐的公民。

（3）委托他人代为诉讼的，须向人民法院提交由委托人签名或盖章的授权委托书，授权委托书必须记明委托事项和权限。《民事诉讼法》规定，"诉讼代理人代为承认、放弃、变更诉讼请求，进行和解、提起反诉或者上诉，必须有委托人的特别授权"。

▶ 考点 3　民事诉讼证据的种类、保全和应用

一、证据的种类

证据是证明案件事实的材料，包括当事人陈述、书证、物证、视听资料、电子数据、证人证言、鉴定意见、勘验笔录。

（一）证人证言和当事人陈述

1. 当事人陈述

当事人对自己的主张，只有本人陈述，不能提供相关证据的，其主张不予支持，但对方当事人认可的除外。

2. 证人证言

（1）凡是知道案件情况的单位和个人，都有义务出庭作证。不能正确表达意志的人，不能作证。与一方当事人或其代理人有利害关系的证人证言，不能单独作为认定案件事实的根据。

（2）证人应当出庭作证，有正当理由不能出庭的，可以通过书证、视频等方式作证。证人不得旁听法庭审理；询问证人时，其他证人不得在场。

（二）书证和物证

书证应当提交原件，物证应当提交原物。提交原件或原物确有困难的，可以提交复制品、照片、副本等。

1.书证

书证一般表现为各种书面形式文件或纸面文字材料（但非纸类材料亦可成为书证载体），如合同文书、各种信函、会议纪要、电报、传真、电子邮件、图纸、图表等。

2.物证

在工程实践中，在对建筑材料、设备以及工程质量进行鉴定的过程中所涉及的各种证据，往往表现为物证这种形式。

（三）视听资料

对于未经对方当事人同意私自录制其谈话取得的录音资料，只要不是"窃听"或"侵害隐私"方式取得的，可以作为认定案件事实的依据。

（四）电子数据

电子数据是指与案件事实有关的电子邮件等以电子形式存在的证据。

（五）鉴定意见和勘验笔录

1.鉴定意见

（1）鉴定人可以由当事人协商确定或法院委托。当事人对鉴定意见有异议的，鉴定人应当出庭作证。经法院通知，当事人拒不出庭作证的，其鉴定意见不得作为认定事实的根据，并退还鉴定费用。

（2）当事人对人民法院委托的鉴定部门作出的鉴定结论有异议申请重新鉴定，提出证据证明存在下列情形之一的，人民法院应予准许：

①鉴定机构或者鉴定人员不具备相关的鉴定资格的；

②鉴定程序严重违法的；

③鉴定结论明显依据不足的；

④经过质证认定不能作为证据使用的其他情形。

对于有缺陷的鉴定结论，可以通过补充鉴定、重新质证或者补充质证等方法解决的，不予重新鉴定。

2.勘验笔录

勘验笔录，是指人民法院为了查明案件的事实，指派勘验人员对与案件争议有关的现场、物品或物体进行查验、拍照、测量，并将查验的情况与结果制成的笔录。

二、证据的保全

（一）诉讼证据保全和诉前证据保全

（1）证据可能灭失或以后难以取得的情况下，法院可以依申请或依职权，对证据固定和保护制度（查封扣押、拍照录像、鉴定勘验等）。

（2）人民法院接受申请后，对情况紧急的，必须在48小时内作出裁定；裁定采取保全措施的，应当立即开始执行。

（3）申请人在人民法院采取保全措施后30日内不依法提起诉讼或者申请仲裁的，人民法院应当解除保全。

（二）证据保全的实施

人民法院进行证据保全，可以根据具体情况，采用查封、扣押、拍照、录音、录像、复制、鉴定、勘验、制作笔录等方法。人民法院进行证据保全，可以要求当事人或者诉讼代理人到场。

三、证据的应用

（一）庭前举证时限

举证责任分配：原则上，谁主张谁举证。

举证期限：举证期限可以由当事人协商，并经人民法院准许。人民法院根据当事人的主张和案件审理情况，确定当事人应当提供的证据及其期限。当事人在该期限内提供证据确有困难的，可以向人民法院申请延长期限，人民法院根据当事人的申请适当延长。

人民法院确定举证期限，第一审普通程序案件不得少于15日，当事人提供新的证据的第二审案件不得少于10日。当事人因故意或者重大过失逾期提供的证据，人民法院不予采纳。

（二）当庭质证

质证是指当事人在法院的主持下，围绕证据的真实性、合法性以及关联性进行质证，并针对证据有无证明力和证明力大小，进行质疑、说明与辩驳的过程。

证据应当在法庭上出示，由当事人互相质证。对涉及国家秘密、商业秘密和个人隐私的证据应当保密，需要在法庭上出示，不得在公开开庭时出示。未经当事人质证的证据，不得作为认定案件事实的根据。

（三）庭后认证

（1）非法证据（无证明力，应当排除）：不能作为定案的依据。

（2）瑕疵证据（证明力小，应当补正）：不能单独作为定案的依据。

①未成年人所作的与其年龄和智力状况不相当的证言；

②与一方当事人或者其代理人有利害关系的证人出具的证言；

③存在疑点的视听资料；

④无法与原件、原物核对的复印件、复制品；

⑤无正当理由未出庭作证的证人证言。

（3）有效证据按证明力大小排序：鉴定意见、勘验笔录＞书证、物证＞视听资料、电子数据＞证人证言＞当事人陈述。

▶ **考点 4　民事诉讼时效的规定**

一、诉讼时效概述

（1）在受理案件时，法院不对诉讼时效进行审查，即无论是否超过诉讼时效，权利人都可以起诉。

（2）在案件审理中，法院也不得主动对诉讼时效进行释明，更不得主动适用诉讼时效规定进行裁判。

（3）只有义务人主动提出了诉讼时效抗辩，法院才进行审查。查明确实超过诉讼时效的，判决驳回权利人诉讼请求。这是胜诉权消灭的准确含义。

（4）超过诉讼时效期间，义务人履行义务后又以超过诉讼时效为由反悔的，不予支持。

（5）诉讼时效为法定期间，不允许当事人双方约定。

（6）不适用诉讼时效的三种情况：存款、债券、出资。

二、诉讼时效种类（表 8-2-3）

诉讼时效的种类

表 8-2-3

诉讼时效种类	具体	时间（年）
普通诉讼时效	—	3
特殊诉讼时效	国际货物买卖合同	4
	技术进出口合同	4
	海上货物运输	1
权利的最长保护期限	从权利被侵害之日起	20
不适用诉讼时效	存款、债券、出资	—

三、诉讼时效期间的起算

《民法总则》规定，诉讼时效期间自权利人知道或应当知道权利受到损害以及义务人之日起计算。

四、诉讼时效中止和中断（表 8-2-4）

诉讼时效的中止和中断

表 8-2-4

	事由	特征	限制
时效中止（暂停）	不可抗力	当事人不能行使请求权	最后六个月
	其他障碍		
时效中断（重新计算）	起诉或仲裁	当事人已经行使请求权	—
	债权人请求履行		
	债务人同意履行		

▶ 考点 5　民事诉讼的审判程序

一、一审程序

（一）一审程序的种类

（1）一审程序包括普通程序和简易程序。简易程序是基层人民法院和它的派出法庭审理事实清楚、权利义务关系明确、争议不大的简单民事案件适用的程序。基层人民法院和它派出的法庭审理上述规定以外的民事案件，当事人双方也可以约定适用简易程序。

（2）普通程序审理的案件，应当在立案之日起 6 个月内审结。有特殊情况需要延长的，由本院院长批准，可以延长 6 个月；还需要延长的，报请上级人民法院批准。

（3）适用于简易程序的案件，应当在立案之日起 3 个月内审结。

（二）起诉条件

（1）原告是与本案有直接利害关系的公民、法人和其他组织；

（2）有明确的被告；

（3）有具体的诉讼请求、事实和理由；

（4）属于人民法院受理民事诉讼的范围和受诉人民法院管辖。

（三）起诉方式和起诉状

（1）书面起诉为原则，口头起诉为例外。

（2）起诉状中最好载明案由。起诉状应当记明下列事项：原告和被告的基本信息；诉讼请求和所根据的事实与理由；证据和证据来源，证人姓名和住所。

（四）审理方式（图 8-2-1）

（五）法院调解

法院判决前，能够调解的，可以调解；调解不成的，应当及时判决（不再调解）。

图8-2-1　民事诉讼的审理方式

（六）当事人不到庭或中途退庭的处理

原告无正当理由，拒不到庭或中途退庭的，按撤诉处理；被告反诉的，可以缺席判决。

被告无正当理由，拒不到庭或中途退庭的，可以缺席判决。

（七）宣告判决

法院一律公开宣告判决，同时必须告知当事人上诉权利、上诉期限和上诉法院。

二、第二审程序

（一）二审程序

当事人不服人民法院第一审判决的，有权在判决书送达之日起 15 日内向上一级法院提起上诉；不服地方人民法院第一审裁定的，有权在裁定书送达之日起 10 日内向上一级人民法院提起上诉。

（二）二审法院的审查权限

二审法院对一审判决的审查仅限于当事人上诉请求的范围，即对上诉人提出的一审："（1）认定事实是否清楚；（2）适用法律是否正确；（3）程序是否违法"进行审查，不做一般性的全面审查。二审法院对上诉案件应当组成合议庭，原则上开庭审理。

（三）二审法院对上诉案件的处理（表 8-2-5）

二审法院对上诉案件的处理　　　　　　表 8-2-5

程序	事实	适用法律	结果
判决、裁定	清楚	正确	判决驳回上诉，维持原判决、裁定
判决、裁定	错误	错误	依法改判、撤销或变更
判决	不清		裁定撤销原判决 发回原审法院重审 或查清后改判
判决	遗漏当事人 或违法缺席判决		裁定撤销原判决 发回原审法院重审

对于发回重审的案件，原审法院仍按照第一审程序进行审理。当事人对重审案件的判决、裁定，仍然可以上诉。原审人民法院对发回重审的案件作出判决后，当事人提起上诉的，第二审人民法院不得再次发回重审。

三、审判监督程序（再审程序）

当事人申请再审，应当在裁定、判决发生法律效力后 6 个月提出。四个例外：

（1）6 个月后发现新证据的；

（2）据以作出原判决、裁定的主要证据是伪造的；

（3）据以作出原判决、裁定的法律文书被撤销或者变更；

（4）发现审判人员在审理该案件时贪赃枉法的，自当事人知道或应当知道之日起 6 个月内提出申请再审。

▶ 考点 6　民事诉讼的执行

一、执行根据（终局性的）

（1）人民法院制作的发生法律效力的民事判决书、裁定书以及生效的调解书等；

（2）人民法院作出的具有财产给付内容的发生法律效力的刑事判决书、裁定书；

（3）仲裁机关制作的依法由人民法院执行的生效仲裁裁决书、仲裁调解书；

（4）公证机关依法作出的赋予强制执行效力的公正债权文书；

（5）人民法院作出的先于执行的裁定、执行回转的裁定以及承认并协助执行外国判决、裁定或裁决的裁定；

（6）我国行政机关作出的法律明确规定由人民法院执行的行政决定；

（7）人民法院督促程序发布的支付令等。

二、执行管辖（表 8-2-6）

执行管辖的规定　　　　　　　　　　　　表 8-2-6

文书	法院级别
生效法院调解、判决	一审法院 或（同级的）被执行财产所在地法院
生效仲裁调解、裁决	被执行人住所地 或被执行财产所在地中级人民法院

三、执行申请

（1）申请执行的期间为 2 年。申请执行时效的中止、中断，适用法律有关诉讼时效中止、中断的规定。

（2）前款规定的期间，从法律文书规定履行期间的最后 1 日起计算；法律文书规定分期履行的，从规定的每次履行期间的最后 1 日起计算；法律文书未规定履行期间的，从法律文书生效之日起计算。

四、执行再申请

人民法院自收到申请执行书之日起超过 6 个月未执行的，申请执行人可以向上一级人民法院申请执行。

五、执行措施（重点掌握限制高消费令）

被执行人未履行生效法律文书确定的义务，并具有下列情形之一的，人民法院应当将其纳入失信被执行人名单，依法对其进行信用惩戒：

（1）有履行能力而拒不履行生效法律文书确定义务的；

（2）以伪造证据、暴力、威胁等方法妨碍、抗拒执行的；

（3）以虚假诉讼、虚假仲裁或者以隐匿、转移财产等方法规避执行的；

（4）违反财产报告制度的；

（5）违反限制消费令的；

（6）无正当理由拒不履行执行和解协议的。

六、执行中止和终结

（一）执行中止（中止的情形消失后，恢复执行）

（1）申请人表示可以延期执行的；

（2）案外人对执行标的提出确有理由异议的；

（3）作为一方当事人的公民死亡，需要等待继承人继承权利或承担义务的；

（4）作为一方当事人的法人或其他组织终止，尚未确定权利义务承受人的；

（5）人民法院认为应当中止执行的其他情形，如被执行人确无财产可供执行的。

（二）执行终结（无法继续进行，结束执行程序）

（1）申请人撤销申请的；

（2）据以执行的法律文书被撤销的；

（3）作为被执行人的公民死亡，无遗产可供执行，又无义务承担人的；

（4）追索赡养费、抚养费、抚育费案件的权利人死亡的；

（5）作为被执行人的公民因生活困难无力偿还，无收入来源，又丧失劳动能力的；

（6）人民法院认为应当终结执行的其他情形。

强化练习

1. ［2020年真题］民事诉讼活动中，诉讼代理人代为承认、放弃、变更诉讼请求的，必须有委托人的授权，该授权属于（　　）。

A. 一般授权　　　　B. 特别授权　　　　C. 无条件授权　　　　D. 全面授权

2. ［2020年真题］发生法律效力的民事判决、裁定，当事人可以向人民法院申请执行，该人民法院应当是（　　）。

A. 终审人民法院

B. 申请执行人住所地人民法院

C. 被执行的财产所在地基层人民法院

D. 与第一审人民法院同级的被执行的财产所在地人民法院

3. ［2020年真题］关于建设工程证据审核认定的说法，正确的有（　　）。

A. 无法与原件、原物核对的复印件、复制品不能作为认定案件事实的证据

B. 诉讼中，当事人为达成调解协议作出妥协所涉及的对案件事实的认可，可以在其后的诉讼中作为对其不利的证据

C. 社会团体依职权制作的公文书证的证明力一般大于其他书证

D. 视听资料的证明力一般大于勘验笔录

E. 鉴定结论的证明力一般大于证人证言

4. ［2019年真题］当事人提出证据证明存在下列情形的，人民法院应当准许重新鉴定的是（　　）。

A. 经质证认定不能作为证据使用的　　　　B. 鉴定人员工作有瑕疵的

C. 鉴定程序违法的　　　　D. 鉴定结论依据不足的

5. ［2019年真题］下列人员中，可以被委托为民事诉讼代理人的是（　　）。

A. 知名法学家　　　　B. 基层法律服务工作者

C. 当事人的亲属　　　　D. 建设行政主管部门推荐的公民

6. ［2016年真题］关于民事诉讼举证期限的说法，正确的是（　　）。

A. 人民法院可以在案件审理过程中确定当事人的举证期限

B. 人民法院确定举证期限，第一审普通程序案件不得少于10日

C. 举证期限可以由当事人协商，并经人民法院准许

D. 当事人逾期提供证据，人民法院不予采纳

7. ［2016年真题］根据《民事诉讼法》及司法解释，因建设工程施工合同纠纷提起诉讼的管辖法院为（　　）。

A. 工程所在地法院　　　　　　　　B. 被告所在地法院

C. 原告所在地法院　　　　　　　　D. 合同签订地法院

参考答案

1. B；2. D；3. C、E；4. A；5. B；6. C；7. A

第三节　仲裁制度

 **学习指导**

仲裁是解决民商事纠纷的重要方式之一。本节主要围绕仲裁制度的基本规定、特点及程序来展开讲解，重点介绍了仲裁的基本制度、仲裁协议、仲裁的开庭和裁决以及执行。本节内容较少，但可考性很大，考试中出题形式也千变万化。考生在学习本节时，需要相当的细心。

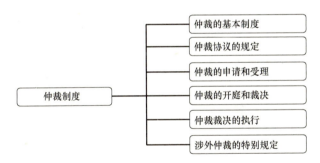

⊙ 考点 1　仲裁的基本制度

一、协议仲裁制度

没有仲裁协议，一方申请仲裁的，仲裁委员会不予受理。

二、或裁或审制度

当事人达成仲裁协议，一方向人民法院起诉的，人民法院不予受理，但仲裁协议无效的除外。

有效的仲裁协议可以排除法院对案件的司法管辖权，只有在没有仲裁协议或者仲裁协议无效的情况下，法院才可以对当事人的纠纷予以受理。

三、一裁终局制度

裁决作出后，当事人就同一纠纷再申请仲裁或者向人民法院起诉的，仲裁委员会或者人民法院不予受理。

▶ 考点 2　仲裁协议的规定

一、仲裁协议的形式（必须书面）

仲裁协议包括合同中订立的仲裁条款和其他以书面形式在纠纷发生前或者纠纷发生后达成的请求仲裁的协议。据此，仲裁协议应当采用书面形式，口头方式达成的仲裁意思表示无效。

二、仲裁协议的内容（表 8-3-1）

仲裁协议的内容　　　　　　　　　　　　　　　　　　　　　　　表 8-3-1

仲裁协议的内容	内容要求	必要内容欠缺的后果	
（1）请求仲裁的意思表示	有"仲裁"两字，确定仲裁	既约定仲裁又约定诉讼	无效
（2）仲裁事项	合同有关一切争议，或个别	约定不明可协议补充，协议不成的	
（3）选定的仲裁委员会	仲裁委员会名称应当准确		

三、仲裁协议的效力（约束力）

（一）对当事人的效力

仲裁协议一经有效成立，既对当事人产生法律约束力。发生纠纷后，当事人只能向仲裁协议中所约定的仲裁机构申请仲裁，而不能就该纠纷向法院提起诉讼。

（二）对仲裁机构的效力

仲裁委员会只能对当事人在仲裁协议中约定的争议事项进行仲裁，对超出仲裁协议约定范围的其他争议无权仲裁（超裁）。

（三）对法院的效力

有效的仲裁协议排除法院的司法管辖权。当事人达成仲裁协议，一方向人民法院起诉未声明有仲裁协议，人民法院受理后，另一方在首次开庭前提交仲裁协议的，人民法院应当驳回起诉，但仲裁协议无效的除外。

（四）仲裁协议的独立性。

仲裁协议独立存在，合同变更、解除、终止或无效，以及合同成立后未生效、被撤销等，均不影响仲裁协议的效力。

（五）仲裁协议效力的确认

（1）当事人对仲裁协议效力有异议的，应当在仲裁庭首次开庭前提出。

（2）当事人既可以请求仲裁委员会作出决定，也可以请求人民法院裁定。

（3）一方请求仲裁委员会作出决定，另一方请求人民法院作出裁定的，由人民法院裁定。

（4）当事人向人民法院申请确认仲裁协议效力的案件，由仲裁协议约定的仲裁机构所在地、仲裁协议签订地、申请人住所地、被申请人住所地的中级人民法院或者专门人民法院管辖。

考点 3　仲裁的申请和受理

一、申请仲裁的条件
（1）有仲裁协议；

（2）有具体的仲裁请求和事实、理由；

（3）属于仲裁委员会的受理范围。

二、审查与受理
仲裁委员会收到仲裁申请书之日起 5 日内，认为符合受理条件的应当受理，并通知当事人；认为不符合受理条件的，应当书面通知当事人不予受理，并说明理由。

三、财产保全和证据保全
当事人要求采取财产保全及（或）证据保全措施的，应向仲裁委员会提出书面申请，由仲裁委员会将当事人的申请转交被申请人住所地或其财产所在地及（或）证据所在地有管辖权的人民法院作出裁定。

考点 4　仲裁的开庭和裁决

一、仲裁庭的产生（图 8-3-1）
（1）独任仲裁庭：甲乙为双方当事人，共同选定或者共同委托仲裁委员会主任指定仲裁员 C。

（2）合议仲裁庭：甲乙为双方当事人，各自选定或者各自委托仲裁委员会主任指定一名仲裁员 A 和 B，第三名仲裁员 C 由当事人共同选定或者共同委托仲裁委员会主任指定。第三名仲裁员 C 为首席仲裁员。

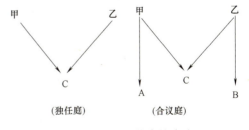

图8-3-1　仲裁庭的产生

（3）当事人没有在仲裁规定的期限内约定仲裁庭的组成方式或者选定仲裁员的，由仲裁委员会主任指定。

二、仲裁员回避的情形
仲裁员有下列情形之一的，必须回避，当事人也有权提出回避申请：

（1）是本案当事人或者当事人、代理人的近亲属；

（2）与本案有利害关系；

（3）与本案当事人、代理人有其他关系，可能影响公正仲裁的；

（4）私自会见当事人、代理人，或者接受当事人、代理人的请客送礼的。

三、仲裁审理方式（图8-3-2）

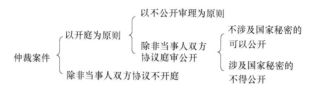

图8-3-2　仲裁的审理方式

四、当事人不到庭或中途退庭的处理

申请人不到庭或中途退庭，视为撤回申请；

被申请人不到庭或中途退庭，可以缺席裁决。

五、仲裁和解与仲裁调解（表8-3-2）

仲裁和解与仲裁调解　　　　　　　　　　　　　　　　　　　　　　表 8-3-2

和解与调解	过程	结果
仲裁和解	请求根据和解协议作出裁决	裁决作出即终局，不能再申请仲裁
	撤回仲裁申请	反悔的，可根据原仲裁协议重新发动仲裁（但不能起诉）
仲裁调解	制作仲裁调解书	双方签收生效
	制作仲裁裁决书	作出生效

六、仲裁裁决（表8-3-3）

仲裁裁决的规定　　　　　　　　　　　　　　　　　　　　　　表 8-3-3

仲裁	仲裁裁决	
仲裁庭组成	双方当事人协商确定	协商不成的，主任定
仲裁实体问题	仲裁庭裁决	两种意见：按多数仲裁员意见
		三种意见：按首席仲裁员意见

（1）仲裁裁决是由仲裁庭作出的具有强制执行效力的法律文书。

（2）裁决书的效力：

① 裁决书一裁终局，当事人不得就已经裁决的事项再申请仲裁，也不得就此提起诉讼；

② 仲裁裁决具有强制执行力，一方当事人不履行的，对方当事人可以到法院申请强制执行；

③ 仲裁裁决在所有《承认和执行外国仲裁裁决公约》缔约国可以得到承认的执行。

▶ 考点 5　仲裁裁决的执行

一、仲裁裁决的强制执行力

（1）执行案件符合基层人民法院一审民事案件级别管辖受理范围的，经上级人民法院批准后，可以由被执行人住所地或被执行财产所在地的基层人民法院管辖。

（2）申请执行的期间为 2 年，自仲裁裁决书规定履行期限的最后 1 日起算。如果仲裁裁决书规定分期履行的，自每次履行期限的最后 1 日起算。申请执行时效的中止、中断，适用法律有关诉讼时效中止、中断的规定。

二、仲裁裁决的不予执行和撤销

仲裁裁决一经作出即产生法律效力，当事人不得就同一纠纷再起诉或重新申请仲裁（一裁终局）。但在法律规定的情形下，当事人有确切证据证明该裁决为错案的，可以通过向法院申请撤销或不予执行来推翻生效的仲裁裁决（翻案程序）。

翻案的法定事由共六种：

（1）没有仲裁协议；

（2）仲裁庭超裁或无权仲裁；

（3）仲裁庭的组成或仲裁程序违法；

（4）仲裁裁决所依据的证据是伪造的；

（5）对方当事人隐瞒重要证据；

（6）仲裁员在仲裁该案时有索贿受贿、徇私舞弊、枉法裁决行为。

当事人申请撤销裁决的，应当在收到裁决书之日起 6 个月内提出。向仲裁委员会所在地中级人民法院申请撤销裁决。

▶ 考点 6　涉外仲裁的特别规定

一、涉外仲裁的基本类型

在我国，涉外仲裁的主体基本包括两种类型：

（1）一方或者双方当事人是外国人、无国籍人或者外国企业和组织；

（2）涉及港澳台的案件参照涉外案件处理。

二、涉外仲裁机构

我国依据《仲裁法》设立的涉外仲裁机构是中国国际经济贸易仲裁委员会和中国海事仲裁委员会。

三、涉外仲裁案件的证据、财产保全

（1）证据保全：涉外仲裁的当事人申请证据保全的，涉外仲裁委员会应当将当事人的申请提交证据所在地的中级人民法院。

（2）财产保全：在涉外仲裁过程中，当事人申请财产保全，经仲裁机构提交人民法院

的，由被申请人住所地或被申请保全的财产所在地的中级人民法院裁定并执行。

四、涉外仲裁案件裁决的执行

涉外仲裁委员会作出的发生法律效力的仲裁裁决，当事人请求执行的，如果被执行人或者其财产不在中华人民共和国领域内，应当由当事人直接向有管辖权的外国法院申请承认和执行。

强化练习

1. ［2020 年真题］甲施工企业就施工合同纠纷向仲裁委员会申请仲裁，该仲裁案件由三名仲裁员组成仲裁庭，该案件的仲裁员（   ）。

A. 由甲施工企业指定一名   B. 只能由仲裁委员会主任指定

C. 由甲施工企业选定两名   D. 由甲施工企业选定三名

2. ［2020 年真题］关于仲裁和解的说法，正确的是（   ）。

A. 当事人申请仲裁后达成和解协议的，应当撤回仲裁申请

B. 当事人达成和解协议，撤回仲裁申请后反悔的，不得再根据仲裁协议申请仲裁

C. 当事人申请仲裁后和解的，应当在仲裁庭的主持下进行

D. 仲裁庭可以根据当事人的和解协议作出裁决书

3. ［2020 年真题］关于仲裁协议的说法，正确的有（   ）。

A. 仲裁协议必须在纠纷发生前达成

B. 当事人对仲协议效力有异议的，应当在仲裁庭首次开庭前提出

C. 仲裁协议可以采用口头形式，但需双方认可

D. 合同解除后，合同中的仲裁条款仍然有效

E. 仲裁协议约定两个以上仲裁机构，当事人不能就仲裁机构选择达成一致的，可以由司法行政主管部门指定

4. ［2019 年真题］关于仲裁调解的说法，正确的是（   ）。

A. 仲裁庭在作出裁决前，应当先行调解

B. 在调解书签收前当事人反悔的，仲裁庭应当及时作出裁决

C. 法院在强制执行仲裁裁决时应当进行调解

D. 调解书经双方当事人签收后，若当事人反悔，则调解书不具有法律效力

5. ［2019 年真题］根据《仲裁法》，关于仲裁裁决撤销的说法，正确的是（   ）。

A. 违约金的计算不符合合同约定，当事人可以申请撤销仲裁裁决

B. 当事人需要申请撤销仲裁裁决时，可以向财产所在地的中级人民法院申请

C. 仲裁裁决被撤销后，当事人可以根据双方重新达成的仲裁协议申请仲裁，不可以向人民法院起诉

D. 仲裁的程序违反法定程序，当事人可以申请撤销仲裁裁决

6. ［2019 年真题］关于仲裁庭组成的说法，正确的有（   ）。

A. 当事人未在规定期限内选定仲裁员的，由仲裁委员会主任指定

B. 首席仲裁员应当由仲裁委员会指定

C. 当事人双方必须各自选定合议仲裁庭中的十名仲裁员

D. 仲裁庭可以由 3 名仲裁员组成

E. 仲裁庭可以由 1 名仲裁员组成

7. ［2018 年真题］关于仲裁审理的说法，正确的是（　　　）。

A. 仲裁审理，必须开庭审理作出裁决

B. 涉及当事人商业秘密的案件，当事人不得协议公开审理

C. 申请人在开庭审理时未经仲裁庭许可中途退庭的，仲裁庭可以缺席裁决

D. 被申请人提出了反请求，却无正当理由开庭时不到庭的视为撤回反请求

8. ［2017 年真题］甲建设单位与乙施工企业在施工合同中约定因合同所发生的争议，提交 A 仲裁委员会仲裁。后双方对仲裁协议的效力有异议，甲请求 A 仲裁委员会作出决定，但乙请求人民法院作出裁定，该案中仲裁协议效力的确认权属于（　　　）。

A. A 仲裁委员会所在地的基层人民法院

B. 仲裁协议签订地的中级人民法院

C. 仲裁协议签订地的基层人民法院

D. A 仲裁委员会所在地的中级人民法院

9. ［2016 年真题］关于仲裁协议效力的说法，正确的有（　　　）。

A. 合同无效，仲裁协议亦无效

B. 仲裁协议有效，当事人也可以向法院提出诉讼

C. 仲裁委员会有权裁决超出仲裁协议约定范围的争议

D. 有效仲裁协议排除法院的司法管辖权

E. 有效的仲裁协议对双方当事人均有约束力

参考答案

1. A；2. D；3. B、D；4. B；5. D；6. A、D、E；7. D；8. D；9. D、E

第四节　调解、和解制度与争议评审

 学习指导

本节简单介绍了调解、和解与争议评审在实践当中的应用。其中，调解是本节的重点。

考生在学习本节内容时，需要能够区分调解的几种方式，尤其是人民调解相关的规定。

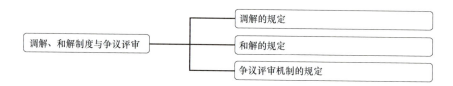

考点 1　调解的规定

一、调解的规定
我国的调解方式主要有人民调解、行政调解、仲裁调解、法院调解和专业机构调解等。

二、人民调解
（1）人民调解制度作为一种司法辅助制度，是人民群众自己解决纠纷的法律制度，也是一种具有中国特色的司法制度。

（2）调解协议对双方具有法律约束力，当事人应当按照约定履行。

（3）当事人就调解协议的履行或者调解协议的内容发生争议的，一方当事人可以向法院提起诉讼。

（4）自调解协议生效之日起 30 日内共同向调解组织所在地基层人民法院申请司法确认调解协议。（经司法确认的调解协议具有强制执行力）

三、行政调解
行政调解属于诉讼外调解。行政调解达成的协议也不具有强制约束力。

四、仲裁调解
详细内容见上一节表 8-3-2。

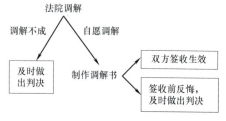

图8-4-1　法院调解的规定

五、法院调解（图 8-4-1）
（1）人民法院审理民事案件，根据当事人的原则，在事实清楚的基础上，分清是非，进行调解。

（2）法院调解书经双方当事人签收后，即具有法律效力，效力与判决书相同。

（3）人民法院进行调解，可以由审判员一人主持，也可以由合议庭主持，并尽可能就地进行。

（4）调解达成协议，人民法院应当制作调解书。调解书经双方当事人签收后，即具法律效力。

（5）对不需要制作调解书的协议（比如离婚等），应当记入笔录，由双方当事人、审判人员、书记员签名或者盖章后，即具有法律效力。

六、专业机构调解
专业调解机构进行调解达成的调解协议对当事人双方具有合同约束力，可以通过法院的司法确认或者申请仲裁机构出具和解裁决书获得<u>强制执行力</u>。

▶ 考点 2　和解的规定

一、和解的类型

诉讼前的和解、诉讼中的和解、执行中的和解、仲裁中的和解等。

二、诉讼中的和解

诉讼阶段的和解没有法律效力。当事人和解后，可以请求法院调解，制作调解书，经当事人签名盖章产生法律效力，从而结束诉讼程序的全部或一部分。结束全部程序的，即视为当事人撤销诉讼。

三、执行中的和解

在执行中，双方当事人自行和解达成协议的，执行员应当将协议内容记入笔录，由双方当事人签名或者盖章。一方当事人不履行和解协议的，人民法院可以根据对方当事人的申请，恢复对原生效法律文书的执行。

四、法律文书效力的总结（表 8-4-1）

法律文书效力的总结　　　　　　　　　　　　　　　　　　表 8-4-1

调解与和解	程序	强制执行力
法院调解	当事人签收后	有强制执行力
仲裁调解		
人民调解	生效起 30 天内向人民法院申请司法确认	
行政调解、和解	不具有强制执行力	

▶ 考点 3　争议评审机制的规定

建设工程争议评审（以下简称争议评审），是指在工程开始时或工程进行过程中当事人选择的独立于任何一方当事人的争议评审专家（通常是 3 人，小型工程 1 人）组成评审小组，就当事人发生的争议及时提出解决问题的建议或者作出决定的争议解决方式。

强化练习

1. ［2020 年真题］关于人民调解的说法，正确的有（　　　）。

A. 人民调解达成调解协议的，可以采取口头协议的方式

B. 人民调解制度是一种信访辅助制度

C. 当事认为有必要的，可以自调解协议生效之日起 30 日内向人民法院申请司法确认

D. 人民调解的组织形式是居民委员会

E. 人民调解达成的调解协议，具有强制执行效力

2.［2019 年真题］根据《民事诉讼法》，关于法院调解的调解书的说法，正确的有（　　）。

A. 调解书应当写明诉讼请求、调解结果和理由

B. 调解书由审判员、书记员署名并加盖其印章，送达双方当事人

C. 法院调解达成协议的，人民法院应当制作调解书

D. 能够即时履行的案件，人民法院可以不制作调解书

E. 调解书经双方当事人签收后，即具有法律效力

3.［2016 年真题］关于调解法律效力的说法，正确的有（　　）。

A. 法院调解书经双方当事人签收后，具有强制执行的法律效力

B. 仲裁调解书经人民法院确认后，即发生法律效力

C. 经人民调解委员会调解达成的调解协议具有法律约束力

D. 经调解组织调解达成的调解协议，具有强制执行的法律效力

E. 专业机构调解达成的调解协议具有法律约束力

4.［2016 年真题］关于和解的说法，正确的有（　　）。

A. 当事人申请仲裁后，达成和解协议的，可以撤回仲裁申请

B. 和解协议具有强制执行力

C. 民事诉讼第一审普通程序中，当事人达成和解协议的，应继续进行诉讼程序

D. 民事诉讼第二审人民法院审理上诉案件，不适用和解

E. 当事人申请仲裁后，达成和解协议的，可以请求仲裁庭根据和解协议作出裁决书

参考答案

1. A、C；2. B、C、D、E；3. A、C；4. A、E

第五节　行政复议和行政诉讼制度

 学习指导

行政复议、行政诉讼处理和解决的都是行政争议，但二者又有明显的区别。本节从二者的范围、申请、受理等方面展开讲解，考生在学习时，也需要进行必要的对比，以便牢固掌握。

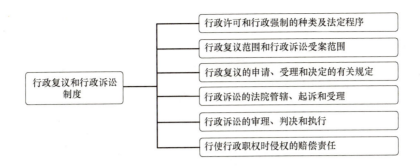

考点 1　行政许可和行政强制的种类及法定程序

一、行政许可及其种类、法定程序

1. 下列事项可以设定行政许可

（1）直接涉及国家安全、公共安全、经济宏观调控、生态环境保护以及直接关系人身健康、生命财产安全等特定活动，需要按照法定条件予以批准的事项；

（2）有限自然资源开发利用、公共资源配置以及直接关系公共利益的特定行业的市场准入等，需要赋予特定权利的事项；

（3）提供公众服务并且直接关系公共利益的职业、行业，需要确定具备特殊信誉、特殊条件或者特殊技能等资格、资质的事项；

（4）直接关系公共安全、人身健康、生命财产安全的重要设备、设施、产品、物品，需要按照技术标准、技术规范，通过检验、检测、检疫等方式进行审定的事项；

（5）企业或者其他组织的设立等，需要确定主体资格的事项；

（6）法律、行政法规规定可以设定行政许可的其他事项。

2. 以上所列事项，通过下列方式能够予以规范的，可以不设行政许可

（1）公民、法人或者其他组织能够自主决定的；

（2）市场竞争机制能够有效调节的；

（3）行业组织或者中介机构能够自律管理的；

（4）行政机关采用事后监督等其他行政管理方式能够解决的。

二、行政许可的设定权限

法律可以设定行政许可。尚未制定法律的，行政法规可以设定行政许可。必要时，国务院可以采用发布决定的方式设定行政许可。实施后，除临时性行政许可事项外，国务院应当及时提请全国人民代表大会及其常务委员会制定法律，或者自行制定行政法规。

尚未制定法律、行政法规的，地方性法规可以设定行政许可；尚未制定法律、行政法规和地方性法规的，因行政管理的需要，确需立即实施行政许可的，省、自治区、直辖市人民政府规章可以设定临时性的行政许可。

三、行政许可的实施程序

（一）期限

行政许可采取统一办理或者联合办理、集中办理的，办理时间不得超过 45 日；45 日内不能办结的，经本级人民政府负责人批准，可以延长 15 日，并应当将延长期限的理由告知申请人。

（二）听证

法律、法规、规章实施行政许可应当听证的事项，或者行政机关认为需要听证的其他涉及公共利益的重大行政许可事项，行政机关应当向社会公告，并举证听证。

（三）变更与延续

被许可人要求行政许可事项的，应当向作出行政许可的行政机关提出申请；符合法定条件、标准的，行政机关应当依法办理变更手续。

四、行政强制及其种类、法定程序

（一）行政强制措施、行政强制执行的区分

行政强制措施（静态：限制公民人身自由；查封扣押；冻结存款汇款）：行政机关为制止违法行为、防止证据损毁、避免危害发生、控制危险扩大，对公民人身或财产进行暂时性控制。

行政强制执行（动态：加处罚款或者滞纳金；划拨存款、汇款；拍卖；排除妨碍、恢复原状）：对拒不履行行政决定的公民或单位，依法强制履行义务的行为。有执行权的，自己执行；无强制执行权的，自履行期限届满之日起 3 个月内申请法院执行。

（二）行政强制的设定

1. 行政强制措施（表 8-5-1）

行政强制措施的设定权可以由法律、行政法规、地方法规设定。

行政强制措施的设定　　　　　　　表 8-5-1

	限制人身自由	冻结存款、汇款	其他强制	查封、扣押
法律	√	√	√	√
行政法规	—	—	√	√
地方法规	—	—	—	√

尚未制定法律，且属于国务院行政管理职权事项的，行政法规可以设定除限制公民自由、冻结存款汇款和应当由法律规定的行政强制措施以外的其他行政强制措施。

尚未制定法律、行政法规，且属于地方性事务的，地方性法规可以设定查封场所、设施或者财物，以及扣押财物的行政强制措施。

2. 行政强制执行

行政强制执行由法律设定。

▶ 考点 2　行政复议范围和行政诉讼受案范围（表 8-5-2）

行政复议范围和行政诉讼受案范围　　　　　　表 8-5-2

可以复议 可以诉讼	（1）行政处罚（警告、罚款……）； （2）行政强制（查封、扣押……）； （3）行政许可（资格证……）； （4）侵犯合法经营自主权； （5）违法集资、行政征收、摊派	官—某民 （具体行政行为）
不可复议	行政处分或其他人事决定	官—官
	行政调解	民—民
不可诉讼	准备、论证、研究、层报、咨询等	过程性行为
	不产生外部法律效力/不产生实际影响的行为	不产生影响的行为
	法律明确授权、法律规定仲裁等	其他法律行为

▶ 考点 3　行政复议的申请、受理和决定的有关规定

一、行政复议的申请和受理（图 8-5-1）

（1）公民、法人或者其他组织认为具体行政行为侵犯其合法权益的，可以自知道该具体行政行为之日起 60 日内提出行政复议申请。

（2）申请人申请行政复议，可以书面申请，也可以口头申请。

（3）对县级以上地方各级人民政府工作部门的具体行政行为不服的，由申请人选择，可以向该部门的本级人民政府申请行政复议，也可以向上一级主管部门申请行政复议。

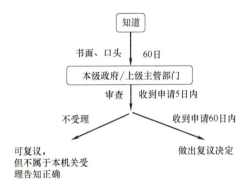

图8-5-1　行政复议的申请和受理

（4）在行政复议期间，行政机关不停止执行该具体行政行为，但有下列情形之一的，可以停止执行：

① 被申请人认为需要停止执行的；

② 行政复议机关认为需要停止执行的；

③ 申请人申请停止执行，行政复议机关认为其要求合理，决定停止执行的；

④ 法律规定停止执行的。

二、行政复议决定

行政复议原则上采取书面审查的办法，但申请人提出要求或者行政复议机关负责法制工

作的机构认为有必要时，可以向有关组织和人员调查情况，听取申请人、被申请人和第三人的意见。行政复议决定作出前，申请人要求撤回行政复议申请的，经说明理由，可以撤回；撤回行政复议申请的，行政复议终止。

▶ 考点 4　行政诉讼的法院管辖、起诉和受理

一、行政诉讼管辖（表 8-5-3）

行政诉讼的管辖　　　　　　　　　　　　　表 8-5-3

情形	有管辖权法院
级别管辖	基层人民法院，以下中级人民法院： （1）对国务院部门或者县级以上地方人民政府所作的行政行为提起诉讼的案件； （2）海关处理的案件； （3）本辖区内重大、复杂的案件
一般地域管辖	最初作出行政行为的行政机关所在地法院
经复议且复议机关改变原行政行为	也可以是复议机关所在地法院
限制人身自由	原／被告所在地法院
不动产纠纷	不动产所在地法院

二、起诉

提起诉讼应当符合下列条件：

（1）原告是认为具体行政行为侵犯其合法权益的公民、法人或者其他组织；

（2）有明确的被告；

（3）有具体的诉讼请求和事实根据；

（4）属于人民法院受案范围和受诉人民法院管辖。

三、受理

人民法院接到起诉状，经审查，应当在 7 日内立案或者作出裁定不予受理。原告对裁定不服的，可以提起上诉。

▶ 考点 5　行政诉讼的审理、判决和执行

一、审理

（1）人民法院公开审理行政案件，但涉及国家秘密、个人隐私和法律另有规定的除外。涉及商业秘密的案件，当事人申请不公开审理的，可以不公开审理。

（2）人民法院审理行政案件，不适用调解。但是，行政赔偿、补偿以及行政机关行使法律、法规规定的自由裁量权的案件可以调解。

（3）行政诉讼期间，具体行政行为不停止执行。

（4）人民法院审理行政案件，以法律和行政法规、地方性法规为依据。地方性法规适用于本行政区域内发生的行政案件；人民法院审理行政案件，参照规章。

二、判决

（内容略）

三、执行

当事人必须履行人民法院发生法律效力的判决、裁定、调解书。公民法人或者其他组织拒绝履行判决、裁定、调解书的，行政机关或者第三人可以向第一审人民法院申请强制执行，或者由行政机关依法强制执行。

公民、法人或者其他组织对行政行为在法定期间不提起诉讼又不履行的，行政机关可以申请人民法院强制执行，或者依法强制执行。

▶ 考点 6　行使行政职权时侵权的赔偿责任

（1）行政机关及其工作人员在"违法行使行政职权时"造成公民、法人或其他组织人身权或财产权损害，受害人有取得赔偿的权利。

（2）但是，有下列情形之一的，国家不承担赔偿责任：

①行政机关工作人员与行使职权无关的个人行为；

②因公民、法人和其他组织自己的行为致使损害发生的；

③法律规定的其他情形。

（3）请求国家赔偿的时效为 2 年，自其知道或者应当知道国家机关及其工作人员行使职权时的行为侵犯其人身权、财产权之日起计算，但被羁押等限制人身自由期间不计算在内。

强化练习

1. ［2020 年真题］根据《行政强制法》，法律没有规定行政机关强制执行的，作出行政决定的行政机关应当申请强制执行的机关是（　　　）。

A. 人民法院　　　　　　　　　　B. 人民政府

C. 公安机关　　　　　　　　　　D. 监察机关

2. ［2020 年真题］关于行政许可设定权限的说法，正确的有（　　　）。

A. 地方性法规一般情况不得设定行政许可

B. 省、自治区、直辖市人民政府规章不得设定行政许可

C. 部门规章可以设定临时性行政许可

D. 国务院可以采用发布决定的方式设定行政许可

E. 地方性法规不得设定企业或者其他组织的设立登记及其前置性行政许可

3. ［2019年真题］关于行政复议的说法，正确的是（　　　）。

A. 行政复议机关决定撤销具体行政行为的，可以责令被申请人重新作出具体行政行为

B. 行政复议一律采取书面审查的办法

C. 行政复议决定作出前，申请人不得撤回行政复议申请

D. 申请人在申请行政复议时没有提出行政赔偿请求的，行政复议机关在依法决定撤销具体行政行为时，不得同时责令被申请人赔偿

4. ［2019年真题］下列事项中，可以设定行政许可的有（　　　）。

A. 有限自然资源开发利用，需要赋予特定权利的

B. 企业或者其他组织的设立，需要确定主体资格的

C. 市场竞争机制能够有效调节的

D. 行业组织能够自律管理的

E. 行政机关采用事后监督等其他行政管理方式能够解决的

5. ［2016年真题］关于行政诉讼案件审理的说法，正确的是（　　　）。

A. 行政诉讼期间，被诉行政行为停止执行

B. 涉及商业秘密的行政诉讼案件一律不得公开审理

C. 人民法院对行政案件宣告判决前原告申请撤诉的，是否准许，由人民法院裁定

D. 人民法院审理行政赔偿案件不适用调解

6. ［2016年真题］申请人对县级以上地方各级人民政府工作部门的具体行政行为不服的，可以申请行政复议，关于该行政复议的说法，正确的有（　　　）。

A. 申请人可以向该部门的本级人民政府申请行政复议

B. 申请人可以向上一级主管部门申请行政复议

C. 申请人申请行政复议不可以口头申请

D. 申请人应当自知道该具体行政行为之日起60日内提出行政复议申请

E. 行政复议机关应当在收到行政复议申请后15日内进行审查，决定是否受理

参考答案

1. A；2. A、D、E；3. A；4. A、B；5. C；6. A、B